◆ 青少年成长寄语丛书 ◆

规则改变环境也改变人心

◎战晓书 编

吉林人民出版社

图书在版编目(CIP)数据

规则改变环境也改变人心 / 战晓书编. -- 长春：吉林人民出版社, 2012.7
(青少年成长寄语丛书)
ISBN 978-7-206-09138-4

Ⅰ.①规… Ⅱ.①战… Ⅲ.①人生哲学–青年读物②人生哲学–少年读物 Ⅳ.①B821-49

中国版本图书馆CIP数据核字(2012)第150817号

规则改变环境也改变人心
GUIZE GAIBIAN HUANJING YE GAIBIAN REN XIN

编　　者：战晓书	
责任编辑：刘　学	封面设计：七　洱

吉林人民出版社出版 发行（长春市人民大街7548号　邮政编码：130022）
印　　刷：北京市一鑫印务有限公司
开　　本：670mm×950mm　　1/16
印　　张：12.5　　　　字　　数：150千字
标准书号：978-7-206-09138-4
版　　次：2012年7月第1版　　印　　次：2021年8月第2次印刷
定　　价：45.00元

如发现印装质量问题，影响阅读，请与出版社联系调换。

目 录
CONTENTS

把握生活中的分寸	/ 001
适应，是一种挑战	/ 005
系上黄金的鸟儿飞不远	/ 008
善于合作是一种能力	/ 011
让失败改道	/ 014
别为错误找"理由"	/ 017
和风景对话	/ 019
仅有能力是不够的	/ 022
以纯真为罩	/ 023
从"是你不好"到"是我不好"	/ 026
喀布尔的歌声	/ 029
快生活不快乐	/ 032
一元钱的惩罚	/ 035
不想失去，不谈风情	/ 037
容易被人误解的五种因素	/ 040

目录
CONTENTS

"闲事"不可不管 / 044

哈佛大学的一堂道德教育课 / 048

职场新鲜人 / 051

给一堵墙让路 / 054

想象力让复杂变简单 / 057

莫让世俗偏见淹没了自己 / 060

道德面前人人平等 / 064

必要的妥协：一种克己制胜的人生策略 / 067

处世，如何保持自我心理平衡 / 071

让心境转动环境 / 076

推卸责任也就推走了朋友 / 082

梦想丰满，现实骨感 / 084

好高骛远：把我的成材拖后了七年 / 086

正直是金 / 091

门在哪里 / 094

目 录
CONTENTS

汉正街，我的滑铁卢，我的大学	/096
要给人以"台阶"	/103
找准你在生活中的最佳位置	/105
培养孩子的健全人格	/110
战胜人生的自我杀手——侥幸心理	/116
勿以善小而不为	/119
幸福家庭的六个特征	/122
悲乐由己	/127
与人交往避其讳	/131
满屋的太阳	/134
贝聿铭：高屋建瓴 妙语留香	/138
论慎独	/142
永远都不晚	/149
自我激励——实现人生价值的阶梯	/152
自立，是人生成功的第一步	/157

每个年轻都用错误铸成　　　　　　　　　/ 160

年轻人要学会身心整合　　　　　　　　　/ 163

"锋芒"放在哪里？　　　　　　　　　　　/ 169

依靠自己的力量　　　　　　　　　　　　/ 172

做自己的知己　　　　　　　　　　　　　/ 175

把人做好最重要　　　　　　　　　　　　/ 178

相信自己是赢家　　　　　　　　　　　　/ 183

要无条件地喜欢自己　　　　　　　　　　/ 190

把握生活中的分寸

一百年前，西方曾流传过这样一个带有几分幽默的故事：

一艘轮船触礁后在海上漂泊，供给就要耗尽，还是不见其他船只的踪影。眼看着得救无望，人们不免着急。这时一个悲观的船员陷入了绝望之中，他惊恐万分，总是高声叫嚷：这一下子我们大家全完了，谁也活不成了，我们早晚都要被鱼吃掉，这样的话，"一之谓甚，其可再乎？"然而这个悲观者一天要唠叨好几次，终于引起了公愤，被惹怒的众船员七手八脚把他丢进了大海，丢的时候还对他说，你先去被鱼吃掉吧！悲观者死后，这个面临危难的轮船并未得到预期的平静，这时又出现一位"乐观"者，接替了死去的悲观者的角色，重拾起喋喋不休的鼓噪，只不过他叫嚷的全是"乐观"的话题，比如他说，我们一定会得救的，因为我们还有几十块饼干，而一块饼干可以维持一个人一周的生命……众船员发现，听这种"乐观"的鼓噪更糟糕，于是一起动手，喊着一——二——三，把"乐观"者也丢进了大海。没有了那两个讨厌的家伙，人们静下心来想办法，最终轮船得救了。

这个上中学时听到的故事耐人寻味，时隔多年仍在心中镌铭不灭，主要是因为这个故事通过幽默的夸张，揭示出这样一个听后人人皆能接受、而不听则很难觉察的道理。这个道理就是，生活中存在一个把握分寸的问题，处理得好，能使生活和谐圆融；处理得不好，纵然不至于被"丢进大海"，也一定会导致不良结果，轻则受到訾议与诮骂，重则自损口碑或被他人抛弃。寻求这方面的实例无须在故纸堆中钩沉，现实的实例就数不胜数。台湾的评论家李敖先生，本来硕学敏感，思想深邃，才思飘逸，文字清丽，让人歆慕，然而自从李先生放言自己是"百年来中国写白话文之翘楚"之后，人们对他的美好评价就荡然无存了。真正的大智大贤心胸坦荡，爱才容物，偶露峥嵘也未尝不可，但要在分寸之内，像李敖那样自称第一，贬损他人，怎能不走向反面，怎能不大大降低自己的价值？

分寸，往往是生活长河上的一个分水岭，超越它，好与坏、善与恶、爱与恨、喜剧与悲剧就可能发生转化。比如，饮酒能转化为肝硬化，体育运动能转化为筋骨损伤，民事纠纷能转化为刑事案件，狂欢能转化为灾祸……"分寸"几乎伏机于这一系列"转化"之中，鬼使神差地改变着人们的生活质量与生活内涵。

即使在琐碎的生活中，"分寸"也是无所不在的：比如，炒菜，盐多了谓之咸，少了谓之淡；裁衣，尺寸大了谓之肥，小了谓之瘦；工作，做得太少了谓之懒，太多了谓之狂；男女之爱，为之过少谓之冷漠，为之过多谓之荒淫；父子母子之爱，少了谓之无情，多了谓之溺爱等等。

  人生中最棘手的恐怕就是把握这些火候的问题了。然而人们却不一定能够自发地产生高度重视分寸问题的自觉。在许多场合，人们是按照自己的价值观与生活准则率性而为的，已经形成习惯，要改也难。率性而为时，一般都只顾做，忽视了大脑应该适时发出中止命令的问题。电影《红菱艳》的女主角穿上舞鞋就像上满了发条，永无休止地跳舞，就是这一情形的写照。从本质上看，在生活中掌握分寸是一个自律问题。自律者，自我约束也。不善于自我约束的人一定是不懂生活的人，至少是不懂生活的真谛。这样的人，对自己有利的事情总是多多益善，完全由生理机制指挥与调节自己的生活，他们忘记了人是有意志与意识的，凭借意志与意识同样可以对生活进行自我调节；将生理调节与自我调节结合起来，才能构筑完美的人生，才能使生活变得更有意义。爱因斯坦就是个自我意识极强的人，他有利用科学成果与名望聚财的条件，他却没有那样做，他说，每一件财富都是一个绊脚石。他被许多国民推荐为总统候选人，也许他真的有当选总统的机会，但他却婉言相却了。他很好地把握住了分寸，终生老老实实地蹲踞在"科学家"的角色之中，最大限度地实现了人生价值。

  爱因斯坦风神才思，实属罕见，也许是我等为稻粱谋的小人物可望而不可即的，但效法他的精神，失意时不气馁，得意时不忘形，过分之事，虽有利而不为，分内之事，虽无利亦为之——这却是完全能够做到的。

（王文元）

适应，是一种挑战

正如一句歌词所说："外面的世界很精彩，外面的世界很无奈……"现代人都或多或少感受到生活变得越来越难以适应了。前不久，听到昔日学友小凡被送到精神病医院的消息，对此我感慨良多。小凡在乡下是一个懂事知礼的孩子，他靠勤奋学习考上了大学，从闭塞的乡村进入了繁华的都市。没料到这样一个优秀的生命，却陨落在提供了无数个发展机会的城市舞台。小凡是愤世嫉俗的，一些人的高深莫测，一些人的逢场作戏，都被他深深看不惯。他就这样不容于领导、同事、朋友乃至家庭，被这个疾驰的时代列车甩了下来。

也许在现实生活中，还有许多像小凡一样在现实的不适应中苦苦挣扎和激烈碰撞的人，还真得重视适应的问题。

达尔文说："物竞天择，适者生存。"同样适用于现今社会。人生的过程，实际上就是一个不断适应的过程。人生的苦恼，大抵来自难以适应的苦恼。也许你觉得生存的地方有些方面真的不对劲，但你得先适应它，然后再改变它。我们生存的目的，不是为了苟且偷生，虚掷光阴，而是为了不断进步，向上攀登，因此，也只有适者才能发展。

人既属于自然，亦属于社会，再有本事的人对整个社会而言，都只是庞大机器上的一个零件而已，个人的价值必须通过与他人、与社会的协调才能正常发挥，不然你这个零件只会生锈。

在我们生命的漫长历程中，要学会不断地进行适应。适应是一种接受。当客观现实发生变化时，我们要坦然地走出昨天，面对现实，接受变化。接受，就得在心理上认同，情感上容纳。接受，就得走出"怀旧"情结，轻装上路。适应，也是一种放弃。古语云："放下即是。"大舍大得，小舍小得，不舍不得。人生的得失是辩证的，有所失才会有所得。生活的境况变了，只有放弃某些我们凭"惯性"固守着的东西，我们才会得到另一些真正裨益人生的东西。适应更是一种挑战。每一次适应必然是一次严峻的自我考验和挑战。挑战就是对自身各种弱点和缺陷无情开火，就是对自己的意志和性格进行砥砺磨炼，在疾风骤雨的洗礼中，在凤凰涅槃的焙烤中，战胜自我、完善自我、超越自我。取得了一次挑战的胜利，我们也就实现了一种"适应"。

懂得"适应"的真谛，善于主动"适应"的人，就能在人生的旅途中占尽先机，节节成功，使生命之树长绿，事业之花长开。

从这个意义上讲：适应是福。

打开我们的心灵之窗,别沉湎于作茧自缚的小天地,看天外有天,山外有山,全新的视野,就会有全新的感受,让我们在不断的适应中开拓人生的佳境吧!

(黄中建)

系上黄金的鸟儿飞不远

在中国传统道德观念中把钱看得并不重,"钱是身外之物,生带不来,死带不去"的俗语,被众人所认同。但现今情况发生了很大的变化,许多人对钱"认真"起来,有句"钱不是万能的,没有钱是万万不能的"调侃很是流行一阵子。现实生活告诉人们:人若是把金钱看得高于一切,就会丧失人的尊严,就会无所作为。

追求金钱违背了人类生活的本质。人作为万物之灵长有别于其他动物的最根本之处,是有高级的心理性的精神需要。可悲的是不少人把金钱作为自己唯一的追求。拼命地追逐金钱无非就是追求对物质的占有和物质享受,追求肉体感官的快乐。爱因斯坦曾把这种只看重人的动物性的满足称为"猪栏的理想"。人作为一种"精神存在物"对生活的感受确确实实不同于动物。早在20世纪20年代,著名经济学家凯恩斯就指出:当人们的物质问题解决之后,代之而起的则是如何追求精神上的美好生活。遗憾的是有些人的"物质问题解决之后",仍然是钻进钱眼里,不想出来,误认为有钱就有生活的快乐。在美国曾经有一项调查指出:年薪7万美元以上的人,对自己薪水不满足的比例高于年薪7万元以下的人。说明了赚的钱愈多，不见得愈开心。在国内也看到许多人经济富裕了，反而失去了快乐，精神陷入了困境。为什么？这是因为把自己的生命的意义限制在动物性需求的层次上，没有高尚的追求，没有精神的支撑点。

一味追求金钱的人不会有远大的志向。崇尚金钱的人是只图个人享乐、发财致富的经济动物。对于这种人，除了金钱之外，不要设想他们会有什么远大的志向。一位搞长途贩运手中已有七位数积蓄的老板，同几位刚认识的大学教授，炫耀他一身皮尔卡丹西服、金利来皮带等高贵"装备"后，很有感触地说，我没什么文化，所以钱赚得不太多，我的愿望是让儿子上大学读书，有了知识好接我的班，赚大钱，生活得比我更好。听后，几位教授脸上呈现出无可奈何的笑容。具有远大志向的人都把事业看得比金钱重要千百倍。革命先烈方志敏被俘时，国民党士兵在他身上搜来搜去，连一个铜板都没有，感到不可思议。方志敏有一段感人至深的话："为着党的事业的成功，阶级和民族的解放，我毫不稀罕那华丽的大厦，宁愿居住在卑陋潮湿的茅栅；不稀罕美味的西餐大菜，宁愿吞嚼剌口的苞粟和菜根；不稀罕柔软舒服的钢丝床，宁愿睡在猪栏狗巢似的住所！"

以金钱为最高生活目标的人，在金钱魔鬼般的诱惑下，心态变得浮躁了，感觉代替了理性思考，潮流化的选择主宰了自主性的选择。于是，完全成为赚钱的机器。即便是已有大的作为者，但一经要狠狠地捞钱，也就止步不前了。英国大发明家瓦特，20岁发明蒸汽机一举成名后，热衷于获利当老板，他一直活到83岁，然而在科学发明上再也没有什么新的贡献。而今，商品经济大潮把一些作家裹挟"下海"。且不说，文人下海总是呛水溺水者多，就是那些真正赚了钱的极少数人，恐怕其心态和价值观已经发生了沧海桑田般的变化，再让他们履行当初"赚钱以推动事业""赚了钱再潜心干事业"之类的诺言，真正能为者怕是凤毛麟角。

追求金钱会诱使人的道德沦丧，甚至犯罪。"俭以养德"，中国人笃信对物质生活无过高的要求，不贪恋物欲，可以使人的道德光大。真理从来就是世界性的。居里夫人认为，她和皮埃尔·居里"不能注意自己的物质利益"。正因为如此，他们才能在经济拮据、生活贫困时，毫无保留公布了镭的提纯方法，放弃了他们的专利权。她说："没有人应该因镭致富，它属于全人类。"展示了一个科学家伟大的人格。信奉金钱至上的人，必然也利欲至上，钱多多干，钱少少干，没钱不干，全然不顾道德良心，社会责任。更有甚者，在他人突陷险境的生死攸关之际，毫无人性地与求援者讲价钱，如若对方无力满足其要价，便以看杂耍的心情观看他人鲜活的生命怎样熄灭，如此的道德沦丧震惊了许多人，受到众人的谴责和唾骂。至于为金钱不惜违法乱纪，铤而走险，乃至掉脑袋的，也是时有发生，不觉新鲜。

印度文学家泰戈尔有诗云："鸟儿系上黄金是飞不远的。"这句话应是每一个真正热爱生活，立志有所作为的人的格言。

（钱森华）

善于合作是一种能力

成功哲学的奠基人拿破仑·希尔说:"如果人们能以和谐的精神协调互助,他们的心力便形成一种能量,成为创造巨大财富的基础。"被称之为摩托大王的本田宗一郎和藤泽武夫,正是这一伟大真理的忠实实践者……

年轻时的本田宗一郎是一个醉心于创新发明的汽车修理工人。二战结束后,一批陆军通信机上的微型发动机因无法再派上用场,便像废品一样堆放在仓库里。本田得知这一信息后,便以很低的价格把它们买了回来。本田把它们改进后,安装在自行车上,人们把这种以马达为动力的自行车形象地称之为"吧嗒吧嗒"车。由于战后的日本公共交通落后,本田宗一郎的"吧嗒吧嗒"车一上市,很快便被抢购一空。于是本田与河岛喜好共同努力,研制出了50CC的A型号发动机,这种发动机一问世,便使"吧嗒吧嗒"车的月产量猛增到1000多辆。此后,他们研制的发动机的马力愈来愈大,摩托车就这样诞生了。

然而,尽管本田生产出的产品供不应求,生产规模不断扩大,但却没有赚回大钱。虽然本田在发明创造方面如鱼得水，但在经营管理和销售上却一筹莫展，公司的发展面临着严峻的考验。本田宗一郎深深感到：公司愈发展，生产的产品愈多，公司破产的可能性愈大。恰在此时，本田认识了精于经营管理的藤泽武夫。初次会面，他们就感到彼此将是最难得的合作伙伴。

本田与藤泽武夫在认识的最初日子里，只要两人在一起，无论是吃饭，还是走路，都在旁若无人地规划公司的"明天"。有时，他们就像被什么迷住似的，常常讨论到深夜。后来藤泽武夫曾回忆说："这种状况大约持续了两三年，所以，以后即使不常见面也能猜到对方的想法和心情。"

从此，本田把全部精力放到摩托车的研制、开发和改进上，而藤泽则全盘负责经销和管理。藤泽刚进入本田公司的时候，可谓是百废待兴。藤泽每次都是一马当先，战斗在最前线，无数次力挽狂澜，拯救本田宗一郎和本田技术研究工业公司于危难之中。本田曾不止一次地要把董事长的位子让给在经营管理上有雄才大略的藤泽，自己担任负责技术开发的副董事长。但藤泽坚决推辞，发誓自己绝对不当第一把手，说只有这样心情才能舒畅，说话也可随便些，能迅速处理事务，也可让董事长完全放心。而实际上，从他们分管的业务上来看，根本就分不清谁是董事长。他们对对方绝对信任，能够始终摆正位置的结果是，两个人都成了大赢家。本田一生获得100多项专利，曾被日本政府授予蓝绶奖章。后来，使本田汽车在国内外市场发生戏剧变化的关键技术——CVCC发动机，也是在本田宗一郎的直接参与下取得成功的。而藤泽也没有辜负宗一郎的知遇之恩。公司在藤泽的运筹和指挥下，1960年，本田公司生产的摩托车突破149万辆，居世界第一；进军美国市场，刮起一场"本田旋风"。同时本田汽车的销量也在急剧增长；1977年，本田公司还在美国的俄亥俄州建立本田汽车制造公司。本田公司在日本汽车界排名第三，在摩托车界是世界第一。

《智慧书》一书的作者葛拉西安说："为王者的伟大，绝不因宰相有能而稍减。恰恰相反，一切成功的荣誉通常都归之于事业的主脑。"本田宗一郎的过人之处，正是让藤泽武夫尽情施展自己的智慧，才最后铸就了本田宗一郎的事业的不朽和本田公司的辉煌。反观一些心胸狭隘的创业者，有多少是因为内部的权力之争、利益之争、相互的猜忌，而使如日中天的事业走上穷途末路的呀！

自古成大事者必有死保之士。因此，如果一个人没有宽广的胸怀，没有与他人和谐互助的愿望，他的智慧就会像装错了正负极的电池，其能量就会在与他人的内耗中丧失殆尽。只有像本田宗一郎和藤泽武夫那样，将共同的智慧燃起熊熊烈火的人，才能铸就人生的辉煌！

（王飙）

让失败改道

在美国纽因州，有一个伐木工人叫巴尼·罗伯格。一天，他独自一人开车到很远的地方去伐木，一棵被他用电锯锯断的大树倒下时，被对面的大树弹了回来，他躲闪不及，右腿被沉重的树干死死压住，顿时血流不止，疼痛使得他的眼前一阵阵发黑。面对自己伐木史上从未遇到过的失败和灾难，他的第一个反应就是："我该怎么办？"

他看到了这样一个严酷的现实：周围几十里没有村庄和居民，10小时以内不会有人来救他，他会因为流血过多而死亡。他不能等待，必须自己救自己。他用尽全身力气抽腿，可怎么也抽不出来。他摸到身边的斧子，开始砍树。但因为用力过猛，才砍了三四下，斧柄就断了。他真是觉得没有希望了，不禁叹了一口气。但他克制住了痛苦和失望。他向四周望了望，发现在不远的地方，放着他的电锯。他用断了的斧柄把电锯弄到手，想用电锯将压着的树干锯掉。可是，他很快发现树干是斜着的，如果锯树，树干就会把锯条死死夹住，根本拉不动了。看来，死亡是不可避免的了。

然而，正当他几于绝望的时候，他忽然想到了另一条路，这就是不锯树而把自己被压住的大腿锯掉。这是唯一可以保住性命的办法！他当机立断，毅然决然地拿起电锯锯断了被压着的大腿。他终于以难以想象的决心和勇气，成功地拯救了自己！

人生总免不了要遭受这样那样的失败。确切地说，我们几乎每天都在经受和体验各种失败。有时候，我们甚至会在毫不经意和不知不觉之间与失败不期而遇。面对失败，我们又往往会采取习惯的对待失败的措施和办法——或以紧急救火的方式扑救失败，或以被动补漏的办法延缓失败，或以收拾残局的方法打扫失败，或以引以为戒的思维总结失败……虽然这些都是失败之后十分需要甚至必不可少的，但却是在眼睁睁看着失败发生而又无法挽救的情况下采取的无奈之举。任凭失败一路前行而无力改变，实在是更大的失败和遗憾。

一位哲学家的女儿靠自己的努力成为闻名遐迩的服装设计师，她的成功得益于父亲那段富有哲理的告诫。父亲对她说："人生免不了失败。失败降临时，最好的办法是阻止它、克服它、扭转它，但多数情况下常常无济于事。那么，你就换一种思维和智慧，设法让失败改道，变大失败为小失败，在失败中找成功。"

是的，失败恰似一条飞流直下的瀑布，看上去仿佛湍湍急泻、不可阻挡，实际上却可以凭借人们的智慧和勇气，让其改变方向，朝着人们期待的目标潺潺而流。就像巴尼·罗伯格，当他清楚用自己的力气已经不能抽出腿、也无法用电锯锯掉树干时，便断然将腿锯掉。虽然这只能说是一种失败，却避免了任其发展下去会导致的更大失败，使失败改了道，终于赢得了宝贵的生命。相对于死亡而言，这又何尝不是一种成功和胜利呢？

　　失败是一个渐进式的动态过程。假如我们的失败刚刚发生或者还不至于酿成终结性灾难的时候，审时度势，转变思路，让失败改道而行，那么，不仅可以最大限度地减少失败所造成的各种后果，而且能够进入一个柳暗花明、反败为胜的崭新天地。

（胡建新）

规则
改变环境也改变人心

别为错误找"理由"

某人家住四楼，下班回家顺便到一楼取报时，却发现从不上锁的信箱竟上了锁，心想何必多此一举，这样多麻烦？走到二楼，平日那张赫然在目的《住宅公约》也没有见到，心想居委会干部工作真积极，又在修订了。就如此这般地走到了四楼，可手中的钥匙怎么也打不开门，这才发现自己走错了楼。

在现实生活中，这种走错楼的事情虽然只是偶尔碰到，但是该人走错之后，对错误毫不怀疑，仍然不断为错误寻找理由的思维习惯和定势，却在我们对孩子的教育中经常见到。比如，当孩子刚学会走路时，不小心跌倒在地哇哇大哭，为了使孩子获得心理平衡，便在孩子跌跤的地方踩上几脚，装着很生气的样子责怪"这该死的地"；明明是孩子学习不勤奋或者不得法，致使成绩老是上不去，却一味地埋怨教学条件不好、师资力量弱；明明是孩子的修养欠佳，不是从其主观找原因，而是一味地责怨他人素质差、风气不行……这种将自身错误推给别人或推给客观环境的思维定式，显然就很容易走进教育误区，造成在孩子教育上的被动。

某人走错楼虽然不是主观故意,却是在不断为错误寻找"理由"支持的过程中从一楼走到四楼的。同样,在孩子的教育上的许多偏差,也往往正是在对错误的"辩解"中逐步形成的。结果就可能使孩子错上加错、走入歧途。要解决好这一问题,就要注意引导孩子自觉克服为错误辩解的思维定式,注重在错误中寻找"正确"的理由。

因此,作为家长,必须坚持原则,是非分明;对于孩子的言行是对就是对,是错就是错,毫不含糊,绝不"纵容"和"迁就"孩子为错误找理由。同时,作为家长也要注意引导孩子学会运用辩证的观点全面地看问题,自觉克服为错误辩解的思维习性,不断提高孩子明辨是非及时改错的能力。这样,孩子就一定能够直面"错误",在良好的"抗逆"心境中健康成长。

(张石平)

和风景对话

　　闲翻报纸杂志，看着那些精美的图片，无论是自然美景还是人文胜境，无论是大都市的繁华还是乡村小镇的宁静，都禁不住让我心动，想什么时候也能去游玩，哪怕是"一口看尽长安花"，也算了却了一桩心愿。

　　然而不能。正像一首歌里唱道："有时间的时候我却没有钱，有钱的时候我却没时间。"终日里为生存而奔波，没有时间也没有金钱，但这挡不住我的旅行。我会把一次鞍马劳顿的奔波添加"旅游"因子，于是，我的旅行不再是满身的疲惫，而变成了"和风景对话"。

　　例如前两天，我赶清晨的头班车去小城。我选择了一个左侧靠窗的位置坐下，眼睛看着窗外黑色的天空，慢慢地由黑变浅，由浅变亮。寒冷的冬日里，朔风凛冽，如非必须，有谁会选择这样一个口子，来看一次大地苏醒的过程呢？车里面，因为冷，每个人都把身体紧缩在羽绒服里，却忘记了为这次旅程添加什么功用。白日里常常会放些音乐来提神的司机，此刻也只顾闷头开车，不再有一份悠闲的心去分享平日里喜欢的音乐了。

　　车子一直向南行驶，广阔的大平原了无遮拦。从我的座位向窗外望去，我又得以欣赏一次冬日的日出了，这使我很兴奋。眼看着东方地平线处的那一点点红晕很柔和地渐渐染红了半边天，让人心底生一种莫名的温暖。每每有高大的东西，例如长堤或是路边的临时建筑物遮挡了视线，不能看到那令人心动的红晕，便会生出一种期盼。长时间里，我久久地注视着窗外的风景，不言不语，仿佛那只是一次安然的静坐，往事在口鼻呼出的氤氲的水汽里升腾。这个时候，只有偶尔的颠簸和马达的嗡嗡声告诉我车子是在前进。在车子爬了一段长堤之后，红晕消失了，阳光透过午窗照在身上，便感觉有阳光真好。

　　这样的景致，其实完全在于一种态度、一种心情。选择焦虑，只会庸人自扰，何不去滋润一下自己的眼睛和渴望旅游的心灵呢？

　　为着生活的目的，旅行已是生活的一部分。但我们可以试着给旅行一些期盼、一些妆饰，以便使这无奈的旅行，看上去像是一次晨曦里悠然舒缓的漫步，那将是对生活的享受与放松，或许还有惊喜与感动。

　　2009年10月，乘车去石家庄。当我踏上列车时，十多年前多次乘坐这趟列车时的情景，又在心头升起。火车小站的南墙根下，那个经常坐在一张老式的皮沙发里晒太阳的老人还在吗？出小站不远，铁路南面的那片繁茂的梨树林还有吗？一边看着窗外，一边把能回忆起的场景——去对照。于是，便有惊喜出现，也有失落留存。那张老式的皮沙发和那位老人早已不知去向，那片梨树林竟然还在。便又禁不住胡思乱想，那位老人去了哪里？还是早已故去？那片梨树林来年春天还能开出雪白的梨花，飘来阵阵清香吗？好在又有新的风景出现。例如铁路边的旧房子变成了高楼，垃圾山变成了绿地，等等。

余秋雨为阿兰·德波顿《旅行的艺术》中译本写的序中，提到"旅行的品质"，穷人如我者，把为生活而奔波的旅行妆饰成一次旅游，那是穷人的智慧。这样的旅行，正如作家韩松落在《人生处处是旅行》中说的"它（旅行的品质）多少带点唯心的色彩"，这是对的。谁说这不是一种心境、态度和情怀？仁者乐山，智者乐水。于我，则愉快地面对艰难的旅行，也是幸福的人生。

（武新明）

规则
改变环境也改变人心

仅有能力是不够的

在报上读过两则关于动物利用的小故事：

其一：夏威夷的科学家发现了一种叫作猫鼬的动物，是老鼠的天敌，它的捕鼠能力比猫还强。于是他们把一批猫鼬放到发生鼠灾的庄稼地里，过了一段时间鼠害却没有减轻的迹象。为什么呢？科学家进一步研究发现，原来猫鼬和老鼠的生活习惯不同，老鼠夜间活动，白天在洞里睡大觉，猫鼬却正相反，白天活动，夜间睡觉，所以不能胜任。

其二：瑞士的一家水厂引进尼罗河象鼻鱼监测水质。象鼻鱼感觉灵敏，能像雷达那样发射电脉冲。如果河水干净，每分钟发出电脉冲400~800次；水质污染，发出的电脉冲马上降到200次以下。可在水厂使用一段时间后，却发现象鼻鱼根本监测不到水质变化。原来，它的监测本领只适合尼罗河，在其他任何水里都发挥不了威力。

人也是如此，仅有能力是不够的。一个人有了相当强的能力，还要有良好的工作习惯、适合发挥能力的环境，才有望与成功结缘。

（刘凌林）

以纯真为罩

我不知道，长大和成熟是不是以失去纯真为代价？

有一些学生离开学校后，刚刚涉世就感到困难重重和心灵的迷茫挣扎，他们不约而同地问我一个问题：老师，我想保持自己的个性、棱角和纯真，你说能行吗？

这个问题让我感到很有压力，跟这些孩子交流沟通时谨慎又谨慎，想给他们一种温暖、一种鼓励，这种压力来自两方面：其一，这么多年，我也一直在坚持着某种纯真，深知其中的艰难和对生命的无谓耗费，因为纯真而时常遭受别人的误解和讥讽，痛苦和无助的滋味不可为外人道；其二，我看到大多的年轻人为一个可以解决温饱的工作机会而撕掉纯真的倔强和高傲，有梦想而不敢放手去追逐，有意志而一次又一次屈服于残酷的现实，在青春正好的时候被涂抹得光怪陆离、面容模糊，最后让人惊讶地发现，一些年轻人竟比老年人还沧桑，一些老年人竟比年轻人还纯真。在充满喧哗与骚动的时代里，谁想保持纯真就等于又多了一种压力，而且还要经常遭受别人的质疑：纯真价值几何？纯真能否让心灵的城池固若金汤？

我始终认为纯真是一种做人的大自在，是一种抵挡诱惑的洒脱习惯，更是一种对青春、对生命、对梦想的完美保护。我感到坚守某种纯真有压力、有挣扎、有痛苦，这一方面说明现实确实存在着残酷的地方，另一方面也说明我还不够纯真，还没有提炼出生命里的杂质，还没有充分发挥出纯真的保护性能。纯真看似是对他人、对诱惑、对外界的一种天然的美德和智慧，其实更重要的是指向自身，看自己能不能真实地对待自己。

人生的快乐和真理，往往藏在纯真当中。只要我们自己对自己纯真起来，我们就拥有了不受他人和外界干扰的长久有力的快乐和真谛；只要我们放下内心里阻碍纯真的东西，我们就会得到生命的轻松舒展、个性自然。当自己首先纯真了，再来看他人和外界，我们的眼光和心态都会随之改变，我们就会看清楚自己真正想要的东西，就会知道自己奔跑的方向及领地所在，就不会被别人牵着欲望走，就不会"硬要把单纯的事情看得很严重"，从而避免做人的痛苦和梦想枯竭带来的失落悲观。

这个世界永远存在跟自己不同的人，也永远存在考验人性能否保持纯真的障碍物。但这不是让我们丢掉纯真的理由，恰恰应该成为让我们保持纯真的反面力量和试金石；如果人人纯真，事事顺心，我们就失去坚强可贵的保护，变得更加厌倦空虚、脆弱无力，既不会用美好的东西来填补生活的空隙，也很难有让我们感到骄傲和自豪的作为。一位法师对我们讲："你永远要感谢给你逆境的众生。"

叔本华也认为不幸是积极的，"每个人在任何时候存在一定的焦虑、痛苦、烦恼是必要的"，这些"构成了一个人漫长的整个人生"。纯真是生命之罩，但如果没有骚动凌乱的风沙，罩子的价值意义和作用就大打折扣，也许会成为华而不实的装饰品。纯真不是天真，孩子式的天真需要一种特别的呵护，而纯真不必，纯真自有信心，自有力量，自有胆魄，自有勇谋，自有自在，自有天地，因此它不会永远害怕压力和痛苦，它会把这些石块压入舱底，让生命之船保持平稳，乘风破浪，抵达幸福的彼岸。

因此，我和孩子们探讨的不只是要不要继续保持纯真，更应该是怎么用好用足纯真。

（孙君飞）

从"是你不好"到"是我不好"

一位老人对一个青年说:"我面前有两块石头,你愿意拿哪一块呢?"这两块石头,一块闪耀着黄蓝相间的光泽,而另一块石头却粗糙不平,灰褐发暗。青年拿起了闪闪发亮的石头。看到这儿,老人说:"这块石头,呈现蓝色光斑的物质是它含硫的成分,闪烁黄色光泽的物质是它含磷的成分。别看这块石头色彩斑斓,它却含有有毒物质。"听到这儿,青年赶紧放下了手中的石头。老人指着另一块说:"这块石头颜色发暗,你不喜欢,它却是含金量很高的矿石,贵重的黄金就是从这种矿石中提炼出来的。"

人际交往中,"是你不好""是我不好"这两句经常耳闻的话语,就是老人面前的两块石头。"是你不好",直接贬低对方,间接抬高自己,好像给自己脸上贴金,但却是块对自己有害的石头;"是我不好",直接贬低自己,间接抬高对方,好像给自己脸上抹黑,但实则是块对自己有益的石头。

家里的男人和女人经常吵架,男人批评女人"不该小肚鸡肠""不应婆婆妈妈",女人批评男人"不该大手大脚""不应脾气暴躁"。

他们家很少有和睦的时候。邻居与他们相反，全家人一团和气，这令常常吵架的男人女人十分羡慕，于是前往请教。邻居回答道："我们家里每个人都有缺点，所以不会吵架。"他们不明所以，悻悻而归。一天，邻居的自行车被盗，男人女人听到了邻居夫妇的对话。"没有关好大门是我的错。""不，我忘了上锁，是我不好。"听到这儿，男人女人恍然大悟。看来，"是你不好"是个危害亲人关系乃至社会人际关系的不良言词，而"是我不好"却是个化解矛盾、加深友谊的既简单又神奇的交际法宝。

　　"是你不好"是人际关系的离心力，不只伤害遭受指责人的自尊心，而且周围的人也会心里不舒服。"是我不好"是人际关系的向心力，不只融化交际对方心田的冰雪，而且会得到周围人的赞誉。加拿大前总理克雷蒂安小时候患了一种病，致使左耳失聪，讲话时嘴角歪向一边。他有这种缺陷：不但没有自卑，反而奋发图强，从而使社会地位不断提高。1993年10月大选时，以时任总理坎贝尔女士为首的保守党，为了攻击克雷蒂安没有资格当总理，竟大肆利用电视广告来夸张他的脸部缺陷，然后问道："你要这样的人来当你的总理吗？"这种"克雷蒂安不好"的选战攻讦，竟出人意料地招致了许多选民的反感和愤怒。而豁达的克雷蒂安面对责难，泰然处之，毫不隐讳自己的身体缺陷，说"我确实有些地方不好"。这话博得了选民的极大同情。面对种种巨大压力，坎贝尔女士自觉理亏，被迫公开道歉。据估计，这个电视广告使保守党至少失去10%选民的支持。简单地说，坎贝尔的失败，原因之一是错走了"是你不好"这步棋；克雷蒂安的胜利，原因之一是唱响了"是我不好"这段感人之曲。

"是你不好""是我不好"分别像《伊索寓言》里的风和太阳，狂风不能脱下老人身上的外套，相反老人会把外套裹得更紧；暖洋洋的阳光照在老人身上，不用多久，便会使老人脱下狂风不能吹下的外套。

（高兴宇）

喀布尔的歌声

一位同事发给她的一组照片，深深地震撼了她。那是喜欢摄影的同事拍自于阿富汗的城市和乡村的写真照片，每张照片的下面，都配了简洁的介绍。

望着照片上那些挣扎在战争、饥饿和疾病中的人们，她的心不停地阵痛着。尤其是那张油画般的照片，惊雷般地击中了她的神经——昏黄的夕阳下，那个坐在磨盘上的少年，正对着远处连绵的崇山峻岭，面色凝重地吹着口琴。照片下面的文字是：少年的父亲在喀布尔的一次炸弹袭击中丧生，他的母亲因药物匮乏，刚刚死于一场急性肺炎。12岁的他，就住在身后那个摇摇欲坠的简陋茅草屋里。

那个凝重的表情，那几句忧伤的介绍，让她的心中有说不出的痛。从那以后，那个遥远国度里发生的很多事情，都会牵动她柔软的心。

后来，她加入了一个国际志愿者协会，成为一个非常积极的会员。那年秋天，她在众人的惊讶声中辞掉了工作，作为一名志愿服务队员，毅然奔赴阿富汗北部山区，为那里饱受贫困和疾病缠绕的人们，送去一份温暖。

在那异常艰难的环境中，她耳闻目睹了许多感人的情景。那里的人们在面对苦难时，表现出来的淡定和从容给她留下了非常深刻的印象，也让她对苦难有了更深的认识。譬如，那位几年间失去了三个孩子的大妈，脸上并没有人们所熟悉的那种巨大的悲伤，反倒有了一种参透了生命的淡然。那位大妈说："活着，就要承受苦难，就像享受欢乐一样。"

她还专程去了那个沙漠边缘的小镇，想去见见照片上的那个少年。遗憾的是，她没能见到那位少年，听说他随一个大篷车演出队到乡村巡回演出去了。少年的邻居告诉她，少年一直活得很阳光，似乎从来就没有忧愁过。

听到此，她的心里陡然涌入了大片煦暖的阳光，感觉活着实在是一件很美妙的事情，尽管生活中有那么多的不如意。"不是我帮助了那里的人们，而是他们帮助了我。"这是她后来说得最多的一句话。

3月初，她来到了阿富汗首都喀布尔。这里每年的3月21日前后，都要举办盛大的春耕仪式。她被当地居民邀请去参加他们的合唱团。他们穿着很简单的衣服，有的人甚至连一件没有磨损的衣服都没有，但他们每个人似乎都被快乐包围着。他们很卖力气地放声高歌，每个人都唱得十分认真、十分投入，仿佛他们在完成一项特别重大的事情。她不禁大受感染,以往从不敢在众人面前开口唱歌的她,竟能与他们尽情地载歌载舞,在两脚踏起的沙尘里漾着快乐的因子,自然早已忘却了那些烦恼和忧愁。

回国后,她整个人都变了,变得特别开朗。人们问她原因,她笑着说:"是喀布尔的那些动人的歌声教会了我,无论生活是什么样子,都不能放弃快乐地歌唱。"

没错,尽管战争、饥饿、贫困、疾病和死亡,影子一样地跟在身边,但喀布尔市区的人们和那些偏远的山村里的人们都没有悲伤地抱怨,而是用欢快的歌声,唱着自己对美好未来的向往,唱着对简单生活的点滴满足。面对苦难,报以朴素的苦乐,那不仅仅是一种生活的态度,更是一种令人敬佩的人生觉悟。

(修建)

快生活不快乐

毫无疑问，这已经是速度时代：出差是飞机高铁，上网是"极速体验"，上班要"末路狂奔"，吃饭要争分夺秒，就连刚刚蹒跚学步的孩童都让父母心急如焚——"不要输在起跑线上"。快节奏、高效率成为现代人的人生关键词，每个人都像开足了马力的机器，向着所谓的"成功"一路狂奔。迫于生计的上班族、蜗居蚁民和摆摊设点的"城市边缘人"就不必说了，即便是功成名就的所谓成功人士也陷入一种速度惶恐之中，分众传媒的总裁江南春感叹："每天我内心不断发出的声音就是快跑、快跑，跑到你的竞争者消失掉。不用回头，你只管往前跑。"

正是因为有江南春这样的领跑者，越来越多的人跟在后面，既疲于奔命又锲而不舍。就好像阿甘身后那些络绎不绝的追随者，他们头脑中没有奔跑的目标、心目中没有奔跑的意义，有的只是对不奔跑的惶恐——一种落伍和失群的担忧与茫然。

我们甚至不敢反问一句：慢下来又如何？掉队了又能怎样？

我常常感到困惑：到底是什么造就了这个时代的"速度崇拜"？

是科技的推力，还是内心的物欲？抑或只是我们失去了判断力的盲从？

我喜欢韩少功的一个书名：《进步的回退》。从某种意义上来说，科技的进步确实让我们越来越不像人，越来越没有人味，越来越退化和回缩，也越来越失去本真的快乐和忧伤。就好像高铁的快速与便捷可以将我们迅速送到目的地，但却因此而减弱甚至完全泯灭了旅行所必然包含的风景观赏、人际交流以及"他乡遇故知"的愉悦和欣喜。当然，历经风雨、艰苦跋涉之后终于抵达的释然感和成就感更无从谈起。

"速度崇拜"本质上是"效率崇拜"，原本复杂多元的人生过程被删枝去节，只留下一个简明直白的目的。据说有狂人在致力于研制"营养药丸"，届时每个人只需日服数丸，就可以省却那费时耗力的一日三餐，将更多的时间用于"奔跑"。如果再有人研制出"睡眠药丸"那就更加完美了，放眼望去，现代社会都是忙忙碌碌奔波在金色大道上的"快男快女"。唯一的问题或许来自我们的竞争者也在服用这种药丸，所以，我们还得像江南春先生那样"不用回头，只管往前跑"。

我的好友小黑算得上是这个速度时代的异数，他公然以懒人自居，并且还振振有词：懒其实是一种道德，这个世界的绝大多数罪恶都是勤快人造成的，你什么时候见过一个懒人争权夺利、钩心斗角、破坏环境、损人利己甚至草菅人命？人太过"积极进取"，就必然带来资源的残酷争夺和利益的刺刀见红，而对自身同样也是一种伤害，所以高达84%的现代人自感"压力很大"乃至于"疲于奔命"。全球每年190万"过劳死"者和中国3000万名抑郁症患者更是在诠释着快生活之下的自我伤害。

其实小黑并不是个慵懒无为的消极分子，他有着自己所喜欢的教育培训事业，只是在别人握紧拳头狂喊"我要成功"的时候，他依然按照自己的节奏有条不紊地进行罢了。我才明白，这样的"慢"也好，"懒"也罢，其实正是一种智慧者的从容。"快"或许代表着效率和果敢，但"慢"其实也体现着选择和掌控。

古老的印第安谚语说"跑得太快灵魂就跟不上来"，是的，无论技术跑多快，人的灵魂都有着自己的节奏。所以，我们不妨慢一点，与灵魂同步。

（魏剑美）

一元钱的惩罚

克里斯是美国伊利诺伊州的一名货车司机,在一次交通事故中撞死了一个小伙儿,经过交警部门认定,克里斯负全部责任,要给死者十几万元的赔偿。其实,克里斯有能力负担这笔赔偿,但他却以自己生活窘困为由,拒不执行法院的判决。克里斯的做法令痛失爱子的一对老人伤心欲绝,无奈之下他们只好让步:克里斯必须亲手每天给儿子的账户汇上一元钱,作为对死者的赔偿,但时间为20年。克里斯一听,觉得自己捡了个天大的便宜。每天一元钱,20年也没多少钱!于是痛快地答应了。

许多人对这对老人的做法都大为不解,认为他们是因为悲伤过度而精神失常了。

从此,克里斯倒是没有食言,每天都给老人儿子的账户里汇一元钱。但是,令人奇怪的是,仅仅过了5年,克里斯就主动找到两位老人,咕咚一声跪倒在老人的面前,泪流满面地乞求他们终止约定。他说每次向老人的儿子账户汇钱的时候,眼前都会出现那个惨不忍睹的画面,之后噩梦不断,心里充满了罪恶感。他的精神几近崩溃,实在受不了这样的刺激了，所以愿意一次性付清对死者的赔偿。

　　世上没有绝对的恶，也没有绝对的善。恶与善是存在于同一个事物之中的一对矛盾。在某个特定的环境里，善战胜了恶，就会产生好的结果；恶战胜了善，就会产生坏的结果。而良知则是平衡善与恶的重要砝码。两位老人用"一元钱"唤回了克里斯泯灭的良知。由此可见，环境和方法对善恶的扬弃是多么的重要。

（爱之韵）

不想失去，不谈风情

"踩在了紫罗兰上，紫罗兰却把花香留给了脚底，这就是宽容。"这是美国著名作家马克·吐温的一句名言。

1867年，马克·吐温在驶往地中海的游轮上邂逅了自己的妻子欧丽维亚。当时，跟欧丽维亚在一起的还有她的表妹海伦。

1870年，马克·吐温和欧丽维亚在纽约市步入结婚的殿堂。然而，此时的马克·吐温内心充满了矛盾。欧丽维亚温柔贤淑，美丽端庄，而她的表妹海伦虽然并不特别漂亮，但个性鲜明，且极其聪明调皮。海伦独特的个性深深地吸引着马克·吐温。"我不得不承认，她是最让我有感觉的一个。"多年后，马克·吐温在文章中坦诚了自己当时的心情。

那时的马克·吐温，目光总会不由自主地被海伦吸引，她的一举一动，她的喜怒哀乐都会牵动他的心。甚至她捉弄自己的情景和她调皮的怪眼神都让他迷恋。他觉得她是鲜活多变的，就像个精灵。

不过，马克·吐温毕竟是有修养的男人，他将自己对海伦的感情始终压在心底，努力让自己将她当成一个好妹妹、好朋友。

然而郁结在心里的情感，迟早是要喷发的。马克·吐温的喷发是在海伦带未婚夫来他家吃饭的那个晚上。不知出于什么心态，马克·吐温拼命地灌海伦未婚夫喝酒，欧丽维亚有些不高兴，但是海伦却没有反对，她用一种奇怪的眼神静静地望着他。那天晚上，马克·吐温把自己喝得大醉。

过了两天，海伦约马克·吐温见面。见面时，他们失去了以往的自然，马克·吐温不敢看她的眼睛。海伦言语间也充满了罕见的柔情。她对马克·吐温说："我们没有必要回避，我明白你对我的感情，很久以前就知道，也许正是因为这个原因，我才迟迟没有找男朋友，因为我也很矛盾，不知道该怎么办。"随后，海伦留下了一封带着枫树蜜香味的信，便悄然离去。

"女人是最敏感的。我知道你喜欢我，从年轻时就知道。我曾以为你会追求我，没想到最后你会选择了欧丽维亚。我很不理解，不知道为什么你会作出这样的选择，因为我们两个才是最有感觉的。但是，后来我明白了，你的选择是有道理的，欧丽维亚确实是个好女人，你能够选择她是你的福气。所以，我非常理解你的选择，也一直默默地祝福着你们。看到你们幸福地生活在一起，我很开心。"

海伦的信让马克·吐温感觉很惭愧，他从来就以为只有男人的胸襟才是宽广的，哪里知道，女人的胸怀也很宽广。海伦的肺腑之言也让马克·吐温释然了。他明白自己现在所面对的问题是海伦很久以前就曾经面对的，他知道了自己应该怎样做。

马克·吐温跟海伦的这段故事是在他去世后才被人们所了解的。马克·吐温跟妻子的婚姻保持了34年,直到欧丽维亚于1904年去世。海伦跟马克·吐温保持了近半个世纪的好朋友关系,不过那时海伦已经远嫁欧洲。

生活中往往是这样,当你走进围城的时候,总会有一缕情丝缠绕在你的心头,或一个欲望挥之不去。红尘男女,五彩生活,一路走来,令你欣赏,让你心动的异性就像春野的小花,夏风的摆柳,三秋的娇菊,冬日的雪松,不经意地布满在你脚下。

面对美好,面对诱惑,抗拒并不容易,但是,接受就容易吗?困惑的时候想想马克·吐温吧,他走过去了,留下了一个境界。因为他懂得,刻意地改变,收获的不是甜蜜。

静听心曲而不谈风月,涵容悲喜而不跨雷池。

(程醉)

容易被人误解的五种因素

我们身边总有人经常被人误解。比如，他诚心诚意为人帮忙，却被视为讨好卖乖；他由衷地赞美对方几句，却被看作有意挖苦；他发扬风格把利益让给别人，却被认为事出有因。若偶被误解，自属正常，不值得大惊小怪，若屡见不鲜，甚至举手投足、生活小事都被人误解，就有些反常了，需要查找原因，改变局面。比如有一位青年经常被人误解，以致他变得谨小慎微起来，但仍然不能逃避被人误解的尴尬局面。像这类尴尬，生活中并不少见。

经常被人误解的原因是复杂的，如社会关系、经济状况、身份地位、历史面貌，以及人在产生误解时的微妙心理等。这里谈谈被误解者自身的人为原因，这是最主要的，也是最应克服的。

1. 言辞直露、尖刻。人的交际行为效果如何，一取决于行为，二取决于言语。一个人言语不好，给人留下不良印象不说，还影响着以后对他的认识和评价。这里的言语不好跟口才不好关系不大，主要指言辞直露、尖刻。有些人心直口快，说话没遮拦，甚至把话说得尖酸刻薄，难免给人留下不良印象。你的出发点再好，人品再高，对方也会难以认识。直露、尖刻同直率、耿介是两回事。前者有锋芒逼人的味道，不考虑是否会给对方带来伤害。后者则尊重人，注重方法。本来话有几种说法，巧说则为妙，即使你本意很好，也应委婉进言。某人利用闲暇在单位旁开了一家小店搞第二职业，同事们自然成了小店常客。某青年是个"臭嘴"，每遇分分角角找钱付钱时，他总似真似假地数落店主不该在朋友熟人之间太计较，常弄得人尴尬万分。这样时间一长，只要这青年一张口，即使是良言真话，别人也视为歹话玩话。至此这青年才苦恼起来。

2. 好自作主张。人生活于社会群体中，因此不管何事，最好是征求大家意见；即使无须这样做，你的主张和做法也要合乎众人的接受程度。有些人则不然，凡事好自作主张，应该与大家商讨的，不与大家商讨，反而排斥他人，我行我素，另搞一套。那些不必或不便让大家参与的事，更是为所欲为、有悖常理、标新立异。这样好自作主张的人，与人格格不入，自为人所排斥、否定，而他的那些做法更难以让人理解、认同。这样一来，他被人误解就是十分自然的情理之中的事了。小强年轻气盛，性格乖戾，办事喜欢自作主张，甚至常反其道而行之，令人瞠目结舌。如单位要他推销产品，他却自作主张同外单位来了个"物物交换"，不顾单位资金匮乏的现状，带回大批暂无用处的货物。由于屡犯此病，即使他有创举或高见，别人也另眼相视，弄得他直呼"经常被误解"。

3. 办事不够周密。办事老成的人常把事情做得有条有理、严丝合缝、令大家放心，人们自然对他很信任、很推崇。有些人办事却不够周密，显得很嫩，事前不懂得周密策划，经不住别人的考问和推导，给人以靠不住的印象，事后也显得漏洞百出，不可收拾。偶有办事不周密情形，一般是会得到别人理解的，若三番五次如此，大家就不会以缺乏经验相谅解，而把你判为就是这么个缺少办事能力的人。此后你自被小觑，能摆脱被人误解的命运才怪哩。大胡虽年届不惑，但却是个十足的毛头鬼、糊涂蛋。如他曾就某个问题在单位讨论会上发表在现在看来颇有见地的意见。但当时有人提出质问，他不仅不能自圆其说，反而哑口无言，窘迫不已。再如他曾主持某项工作，事情办得十分出色，有些地方很有开拓性，但却忽略了某一显眼的小事，造成很坏影响。这个"马大哈"总给人不放心的感觉，经常被人误解也就自然而然了。

4. 怯懦，不善表现。有些人知多识广，聪颖过人，但他们性格内向，怯懦怕人。他们有许多好的想法，但不能把它摆出来，也不能把它变成自己的行动，让别人见识见识。这些人往往被人看低看扁，以为他们是没有主张、缺乏主见的庸人懦夫。因此，当他们偶然壮着胆子吞吞吐吐道出己见时，往往难以引起别人重视，当他们做出了成绩、创造了辉煌时，别人反露出怀疑之色，以为是碰巧而已。当他们屡有妙想高见不为人赏识反被贬斥冷视时，他们怎能没有"被人误解"的感喟呢？有一名大学生肚子里藏着数不尽的真知灼见，也是个语言天才，但他却生性怯懦，大众场合不敢说话。一次在小组聚会上,他偶然插话,当即被一名活跃分子误解,并当作笑话加以嘲讽,弄得他窘态十足。其实这些话除阳春白雪味稍浓外,是绝对的妙语哲言。

5. 不擅通过解说以求得理解。说错话,办错事,是难免的。智者千虑,必有一失嘛。但不能缄口不言,有了错误或过失,人家难免有猜测有非议。你若口讷语迟,闷头不响,别人岂能没有误解?你若及时、恰当地向大家解说,把前因后果、制约条件、努力过程向大家说清楚,就会得到别人的谅解和同情。这样一来,谁还能有误解呢?大凡说话做事都会受到不同程度的关注。所以你若有什么设想和主张,最好也要公诸大家。特别是你有什么奇思妙想、高招玄术时,你更要向大家解说清楚。不然成败都会让人产生误解。有两位青年同闯深圳,但都失意而返。甲回到单位,做了许多详细的解说,虽有不少自辩成分,但总归让人了解了事实,理解了他的行为。而乙不仅临行未与大家通风,狼狈而返时更是低头不语,偶闻别人议论他,还粗暴地与之争辩争吵一番。结果人们不仅误解了他深圳之行的举动,而且还误解了他这个人。

(刘学柱)

"闲事"不可不管

什么是"闲事",要不要去管"闲事",人们见解纷纭,各不相同。"闲事",通常是指本职工作以外的事,与己没有直接关系的事,与己无关紧要的事。愚以为,"闲事"不闲,在"正事"之余,碰到"闲事"管一管,是现代人有修养的表现。诸如,上公共汽车,有人不遵守秩序,加以"干涉";在影剧院里,有人大声喧哗,劝解几句,婆媳吵架,夫妻闹别扭,主动出来调解调解……管这种"闲事"是热爱生活、关心他人的高尚行为,是很值得称道的。

近读《回忆马克思恩格斯》方知,马克思不但是一个伟大的革命家、理论家,而且是一个爱管"闲事"的人。当时英国伦敦流行打老婆,马克思非常看不惯,碰到了总要管一管。有一天晚上,他和威廉·李卜克内西坐一辆马车驶过汉普斯泰特路,听见一个女人绝望地嚷叫:"杀人!杀人了!"马克思像闪电一样快速地跳下车去。原来是一个喝醉酒的女人同他丈夫吵了架,丈夫想把她弄回家,她抗拒并且像个疯子一样大喊大叫。谁知善意的"干涉"没有得到好报,那一对胡搅蛮缠的夫妇竟以一种威吓的态度对付他们两个"可恶的外国人"，那女人更是凶猛地以马克思那浓密的黑胡须为攻击目标。正好两个强壮的警察赶到现场，一场风波才平息下来。

据从国外回来的人说，德国人很爱管"闲事"。一次，旅居德国的一位华人乘汽车驰于郊野的公路上，忽见一对青年男女骑着摩托车，靠近汽车，隔着车窗打手势，见他没有反应，过了一会儿又是一通比比画画的"哑语"。后来双方停车才弄明白，原来这一对青年男女想要告诉他们汽车有一个尾灯不亮了，一旦刹车恐怕后面的车看不清会发生危险，要赶紧请人修。还有一次这位华人提了一捆废报纸要往垃圾桶里扔，一个女邻居从窗户里瞥见了，竟匆匆追上来，说这使不得，废纸要按规定在指定的日子捆好堆放在门口，由市政府回收。她还顺便滔滔不绝地宣传，德国是个缺乏资源的国家，废纸也是一种宝贵的再生资源等等，态度十分礼貌而客气。还有一次，这位华人住宅北窗台下依墙凸出一个固定的小花池，花开季节到时，邻居们争先恐后在阳台上植花种菜，他却因琐事多拖了下来。另一个女邻居委婉地提醒他，让这花池空着多可惜。最后干脆替他承担了操办义务，种上花草，还细心地浇了第一遍水。

爱管"闲事"的人，有一副热心肠，对生活怀有高度的责任感，理应受到人们的尊重。但是，却也有人对此嗤之以鼻，说什么"哼！骑驴压着你的脊梁啦！"甚至把爱管"闲事"者讥讽为"狗逮耗子"，加以嘲弄。言外之意，"各人自扫门前雪，休管他人瓦上霜"，何必多管"闲事"呢？对生活持这种旁观态度的人，尽管为数不多，但却不能认为是正当的、健康的。实际上，人是社会中的一分子，谁也不能生活在真空里，社会生活中的一言一笑，一喜一忧，都同每个人息息相关。许多事情，如果纯粹站在个人的立场上，好像与己无关，视之皆是"闲事"。但如果从社会的整体出发，那就关系极大，非管不可了。每个人都是社会的一个细胞，于社会有益的事，哪能不做，于社会有害的事，怎能不管？哪怕不是自己职责范围的事"狗逮耗子"管一下，究竟何罪之有？尽管狗和猫具体职责不同，但共同职责是保护好主人的财产。当老鼠猖獗，猫或者失职或者忙不过来时，为了保护主人财产免受损失，狗挺身而出，抓起"耗子"来，有什么可指责的呢？尽管人们的社会分工不同，职责各异，但都是为了提高物质文化生活水平，为建设物质文明和精神文明贡献力量。只要符合这个总体目标，即使是"分外"的事，也不能拒之不管。再说，全社会养成好的风气，对不良现象进行批评劝阻，同坏人坏事进行斗争，揭发举报违法乱纪行为，见义勇为，助人为乐等等，这是每一个社会成员的责任，不应该也不可能用分工和职责范围规定哪些该管，哪些不该管。从一定意义上讲，社会生活的安定，社会秩序的稳定，社会道德的提高，社会文明的进步，离不开众人管"闲事"。社会文明的程度越高，爱管"闲事"的人应该越多，而且是自觉自愿的行动。爱管"闲事"，不仅是一种脾性、习惯和行为方式，更是一种道德修养，一种精神境界。苏联教育家苏霍姆林斯基说："对待坏事、不公平的事、不名誉的事采取冷眼旁观的、计较个人得失的态度，会使你变成一个冷漠无情、没有心肠的人。"要做一个有心肠的人，就不能把自己放在生活旁观者的地位，就应热心、热情地去管"闲事"，这正是社会主人翁精神的表现。

（赵化南）

规则 改变环境也改变人心

哈佛大学的一堂道德教育课

每年新生入学，哈佛大学都会对他们进行一堂特殊的道德教育课。

课程伊始，一位授课教授给学生们提出了这样一个问题：一列火车在铁轨上行驶着，刹车突然失灵，方向盘有用，火车前方有五个人，距离五人的三米处有一火车分轨，分轨前面也有一个人在工作，他们都全然不知自己所面临的危险。倘若火车司机是你，在排除其他可能的情况下，你会选择撞向那五个人，还是选择转动方向盘，驶向分轨撞向那一个人？

同学们不假思索，几乎是全部选择撞向那一个人。

现在没有分轨，而你是那五个人当中的一个，在你前面有一个胖子。在排除其他可能的情况下，你如果狠力将他往前推，你们其余四人将可免于车祸。选择将胖子往前推的同学请举手。

这次，学生们迟疑了一会儿，绝大多数学生选择放弃将胖子往前推，理由是很残忍。但也有少部分学生举起了手，理由是为了让更多的人活。

这时教授反问一句，如果你挺身冲向前面也可以让更多的人活，你愿意吗？

同学们陷入了沉思。

接着，教授又提出类似的设问：如果你是一所医院的医生，天已晚，就你一个人值班。这时，突然来了六个因车祸受伤的病人，一个重伤，五个相对而言伤势轻一些。在排除其他可能的情况下，你如果先救那一人，其余五人必死；如果救那五人，另一人肯定活不了。请问你选择先救谁？

几乎全部学生选择了救那五人，至少那都是生命。

现在，在排除其他可能的情况下，如果其余五人还有挽救的机会，可一人少肺，一人少肝，一人少胆，一人少囊，一人少胰腺，恰好另外一个受重伤的人的身上器官俱全。请问，你愿意从他身上取出器官然后去救那五人吗？

这时，学生又低头沉思了，但还是有几个人表示愿意。在他们举手的时候，教授反问，为什么不是牺牲你自己去救他们呢？

教授让他们在一张白纸上写下自己心中最崇拜的三位人物。同学们大多写了比尔·盖茨、沃伦·巴菲特和爱因斯坦。教授问他们：如果拥有这么多钱的比尔·盖茨只是在自家大院里孤芳自赏，你们还会崇拜他吗？学生们一致否定。教授又问：假设沃伦·巴菲特因为自己的身价而一点都看不起穷苦人，你们还愿意欣赏他吗？学生们的答案也是一致否定。教授再问：倘若爱因斯坦到处吹嘘自己的成果，你们还会认可他吗？学生们的答案仍是一致否定。

教授立即接着提问：同学们，请你们仔细想想，你们崇拜的最终理由是什么？

是他们的为人修养，是他们的慈善仁爱，是他们内心遵循的道德与善良情操！

哈佛大学的这堂德育教育课是要让学生们知道，做任何事不能只追求成败结果，在注重结果的前提下，心中还应具备道德原则。即使结果再诱惑人，违背良心、违背爱的准则的事情，也绝对不能做。这才是一个人所应具备的最基本也是最关键的素养。

（陈晓辉　逆枫）

职场新鲜人

方子是公司新来的大学生，我们这家公司效益颇好，能进来的人不是佼佼者就是有关系。方子进公司，全凭自己的实力。而且听说老总对她印象颇佳。

人说：得意忘形。这小女子第一天来上班就显得趾高气扬，穿着一身名牌，摆着手和同事们打招呼。

她对桌的是我们室的李媛，在公司资历很老，同事们都叫她李大姐。

李大姐看着方子又是喝雪碧，又是往办公桌上摆饰物和明星照片，就说："方子，你这样往桌子上乱摆，会影响工作的。"

谁知道方子回道："你可真不了解现在的年轻人了，能边玩边把工作做好那才是真本事。你看，要是工作累了看看这些时尚的东西，不是一种挺好的调节吗？"看着她不屑一顾的傲慢样，李大姐没再说什么，但脸色明显地难看起来。

没过几天，我们听到她和方子吵了起来，原来是方子在账目上出了点小差错，李大姐正高声地指责她。此后，我们都发现她们两

规则 改变环境也改变人心

个人的摩擦越来越多了。

到了发月奖金的日子，因为方子的业绩确实突出，她的奖金自然很高。有几个同事开玩笑地说："方子，你刚来公司就弄一等奖，晚上请我们吃肯德基吧？"方子没含糊，一脸得意地说道："这算什么呀，等过些日子我有了更大的业绩，请你们去吃海鲜。"她刚说完，有些同事就撇着嘴散去了。随后的几天里，我发现同事们都不再和她说话，即使大家正聊得热火朝天，她一凑过去，同事们就都找个理由散开了。

方子却仍然我行我素，好像没有察觉问题的症结。正好这时也到了一年一度评先进的时候，方子对此又是信心十足，好像这个先进名额已经非她莫属了。可是没想到在评选会上，没有一个人提她的名字。我觉得有些过意不去，毕竟方子的工作成绩还是不错的，但提了一下，得到的反应却是冷场。最后，李大姐以绝对票当选。其实我明白，若是真正按工作能力看，李大姐确实比方子差一截。但是，她谦逊平和、不骄不躁的品质和工作作风，深深赢得了同事们的赞誉。

事后听说方子去找老总，而我得到的通知却是让方子去基层工作一年。

那天晚上，我第一次请她去了茶楼，她也第一次表现出了沉默和忧郁。我问她："你怎么评价自己的工作能力？"

她沉默了一会，说道："主任，说心里话，论业务能力我绝对相信自己，可是……"

"可是你的自信却遇到了挫折，知道这是因为什么吗？孔子说：可与之言而不与之言，失人；不可与之言而与之言，失言；智者不失人亦不失言。还记得你第一天来时是怎么和李大姐说话的吗？方子，我也说句心里话，你虽然有业务能力，但你不是一个智者，因为你既失言又失人。一个真正有能力的人，不仅要知道怎么做事，更要知道怎么说话。在职场里，嘴巴绝对不是喷壶。要向李大姐学习，营造出一个有利于自己发展的环境。当然，所谓的人缘好也分两种，一种是天生就心地单纯，拙于言辞，让人一看就没有什么威胁力，比如《楼梦里》的李纨；另一种把真实的自己隐藏得滴水不漏，给人一种淡泊名利、与人无争的外在表现，就像薛宝钗。在我看来，在职场上我们还是要学学宝姐姐的，你认为呢？"

听着我说的话，方子若有所思。

大半年过去了，前些天，我得知方子被提升为分公司的经理。她来电话请办公室的同事去海鲜楼吃饭，老远就见她穿着工装和我们热情打招呼，看着她颇为谦逊而又不失自信的神态，我猜她肯定是通读了二十遍《红楼梦》。

（徐品）

给一堵墙让路

你正往前走，前面却有一堵高大厚实的墙挡住了去路，这时你不得不停下来。你是凡人，绝对不是能够穿越墙壁的崂山道士，如果你不拐弯，迎着这堵墙一直走下去，只能碰得头破血流。即便你是无坚不摧的战士，不怕这堵墙，碰得头破血流也不在乎，但是这种无谓的牺牲有意义吗？

你停在这堵高大厚实的墙面前，会想一些问题，你可能想，要是不拐弯，一定要通过这堵墙往前走，有两种方案：一、可以找来一个锤子，将这面墙砸开个洞。二、可以叫来一辆推土机，将这堵墙推倒。当然，这都可以做到，但是这需要时间，需要精力。这时你可能突然想到，用了这么多时间和精力，把墙砸开了，或推倒了。可是，你的目的并不在这堵墙，而是为了赶路，费这么多时间和精力有必要吗？是的，其实只是为了赶路，完全没有必要费这么多功夫，做这么多无谓的劳动。你完全可以绕开这堵墙，虽然多走了一些路，但是比起凿开或推倒这堵墙，还是省很多精力和时间，从总体讲，还是很划算的！

规则
改变环境也改变人心

有个女孩是高三学生，还有两个月就要参加高考了，正在争分夺秒地准备高考。一天，她突然接到同班一个男孩的求爱信，这封信打乱了她的复习计划，每天总是心神不定的样子，看不进书，吃不好饭，睡不好觉。她的这种反常的表现，让妈妈发现了，妈妈问她："孩子，最近你好像有什么心思，能对妈妈说说吗？"女孩就把自己的烦恼告诉了妈妈。妈妈说："孩子，当前你最重要的事情是什么？"女孩说："那当然是参加高考。"妈妈说："既然当前你最重要的事情是参加高考，恋爱这件事好比是拦在高考路上的一堵墙，你不如先绕开这件事，等高考完再说。"女孩听从了妈妈的劝说，暂时把这恋爱的事情放在一旁，重新全力以赴投入到紧张的高考复习之中，最终考上了理想的大学。

我们的母亲河——长江，发源于青藏高原唐古拉山主峰格拉丹东的西南侧，日夜浩浩荡荡奔腾向东，流经11个省区市，经过很多高山、平原、沟壑……沿途要经过数不清的障碍，最后注入东海。长江有6300多公里的流程，在这样长的流程里，又有这许多的障碍，长江水为什么能够勇往直前，直奔大海呢？就因为，长江水懂得能巧妙地避开所有的障碍。

在我们日常的学习生活中，会碰到很多困难，有些困难，可以绕开。就像面前这堵墙，墙不会移动，不会时刻跟着你，你绕开它，很快它就会被你甩在身后。你会发现，你和墙，你给它让路，它马上会还你一条路。有时候我们会被一些困难折磨，面对困难，我们暂时无力解决，身心疲惫、束手无策。那么为什么不试着绕开它？绕开了它，困难就不存在了，就被远远地甩在了身后，摆在你面前的，仍是一条通往目标的大路。这样你就可以沿着大路轻松前进！生活和工作就是要学会给一堵墙让路！

（锐先）

规则
改变环境也改变人心

想象力让复杂变简单

第一次世界大战初期，飞机在空战中使用机枪有一个难题：机枪子弹的射速是每分钟600发，而飞机螺旋桨的转速是每分钟1200转，没办法使子弹钻过旋转的螺旋桨射出去。1915年2月的一天，发生了一件令德国空军始料不及的事。

4架返航的德国双座飞机发现一架法国单座飞机向他们飞来，德军飞行员对这架法国飞机孤军深入的举动颇感好奇。突然，从法国飞机旋转的螺旋桨中迸发出黄色的火焰，一架德军飞机被击落，在德军飞行员的惊愕中，法国飞机掉转机身又吐出一股黄色火焰，另一架德国飞机爆炸燃烧。其余两架德国飞机落荒而逃。德国空军怎么也不相信：射速每分钟600发的机枪子弹怎么能从每分钟1200转的双叶螺旋桨中钻出来。一时德国空军竟不敢与协约国空军开战。几个星期后，偶然的一件事揭开了法国螺旋桨的秘密。

法国著名的特技飞行员罗朗·加罗斯驾驶的一架莫拉内独座飞机，因油管阻塞，发动机熄火，被迫在德国战线后面降落，他还没来得及烧毁飞机便被德军俘虏。德军这下大开眼界：一挺霍奇斯基机枪装在飞机的座舱前面，径直向木制螺旋桨瞄准，面向枪口的叶片上附加一层楔形的钢片，使可能打在螺旋桨上的子弹改变方向。加罗斯已用这种"新奇技术"，击落了6架德军飞机。

连续射击的机枪子弹怎样钻过高速旋转的螺旋桨，这在当时是一个很大的难题。在人们的观念中，很大的难题，解决的办法一定也很难，采取的措施一定很复杂，设计的学问一定很深奥，能担此重任者一定是大家。然而，法军充分发挥创造性的想象力，竟用附加一层楔形钢片这么简单的办法创造了世界空战史上的奇迹。

在创造性的想象中，你运用你的想象力去创造你希望去实现的一件事物的清晰形象，接着，你继续不断地把注意力集中在这个思想或画面上，给予它以肯定性的能量，直到最后它成为客观的现实。想象力的伟大是我们人类比其他物种优秀的根本原因。因为有想象力，我们才能发明创造，发现新的事物定理。如果没有想象力，我们人类将不会有任何发展与进步。爱因斯坦之所以能发现相对论，就是因为他能经常保持童真的想象力。牛顿能从苹果落地，而想象到万有引力这一个科学的重大发现，都是因为有了想象力。人类就是通过想象力创造文字、语言、科技，发明一些新的事物。

创造的秘密在于创新者思想的出奇、出新、出众、出色，附加一层楔形钢片，这一解决问题的方法几乎简单得不能再简单。正是这种简单至极的方法才成了当时的高度机密。假若解决问题的办法复杂到了除了他自己谁也看不懂、搞不明的地步，保密就是多余的事。

想象力是人类创新的源泉。想象力的魅力在于它可以将你带入一个不同寻常的世界，实现生活中不可能实现的梦想。想象力的作用就是它可以让你享受快乐、享受惊奇、享受自由、享受奇妙的感受。

（赵青）

莫让世俗偏见淹没了自己

新西兰著名女作家简奈特·弗兰出生在一个道德严谨的村落里，在那个封闭的地域，人们习惯于用一套世俗的标准审人度事，凡是逸出常态的就被认为是不正常而遭到排斥。与村民的强悍相比，简从小就表现得极端怯懦，甚至宁可被嘲笑也不敢轻易出门。在村民的眼里，她是一个不合群的入了另册的人，人们看不懂她写的东西，认定那些文字不知所云；人们听不懂她的想法，认定那只是一堆呓语与妄想。因此，几乎没有人和她交往。简的父亲是一个魔术师，为了一家人的生活整天在外奔波，早上骑着自行车出门，每天很晚才能回来。听到父亲的脚踏车声，其他三个孩子总是一拥而上，围着父亲纠缠。简却照样躲在屋里一声不吭，久而久之，父亲也觉察到了什么，经常在她面前叹气，担心她日后可能的遭遇，或者直接就说这个孩子怎么会这么不正常。

不正常？她第一次听到这话时觉得非常刺耳，可听得多了，她也渐渐相信自己是不正常了。在学校里，同学之间很容易就成了可以聊天的朋友，而她也很想加入进去，可就是不知道怎么开口。上学之前，家人是很少和她交谈的，有的只是叹气或批评，到了学校这个更为陌生的环境，和同学们相比，她觉得自己才刚刚开始咿呀学语。她想，她真的是不正常了。

面对医生的诊断——自闭症、忧郁症、精神分裂症，她惶恐了，脆弱的神经终于崩溃了，她不得不住进长期疗养院，默默地接受各种奇奇怪怪的治疗。

村民们早已淡忘了她。父母也似乎忘记了她的存在，最初他们还每月千里迢迢来探望她，后来半年也不来一次了。茫然、无聊时，她就找来医院里一些过期的杂志阅读，渐渐地她发现自己喜欢上了这些杂志，就索性投稿了。没想到那些在家里、在学校、在医院里总是被视为不知所云的文字，竟然在一流的文学杂志上刊出了。医院的医生有些尴尬，开始竖起耳朵听她谈话，生怕错过了任何的暗喻或象征；她的父母觉得意外——自己家里原来还有这样一个女儿；往日的村民也不可置信地发问：难道这个得了文学奖的伟大的作家，就是当年那个古怪的小女孩？

简奈特·弗兰突破了世俗的偏见和自我的阴影，成了众所周知的当今新西兰最伟大的作家。

与简奈特·弗兰相比，我们中的许多人远没有她那样幸运。在世俗和偏见面前，我们显得过于软弱，不敢向前迈一步。当我们试图做点什么的时候，首先考虑的不是自己有没有这种能力，而是世人会用什么样的眼光来看待我们，用什么样的语言来评说我们，一想到我们的行为有可能被看成是标新立异，立刻会招来非议时，我们就生畏、却步了。的确，有许多事，我们之所以没有去做，并不完全是因为我们不能做，多半是因为我们不敢做。由此，我联想到两则与此有关的、动物的小故事。法国著名科学家约翰·亨利·法伯曾做过一个有趣的试验：由于毛毛虫总是习惯于跟着它前面的一只爬行，他就把若干个毛毛虫在花盆上摆成一个圈，使它们首尾相连，花盆中央放着它们的食物——松针儿。试验的结果是，所有的毛毛虫始终沿着花盆边缘不停地转圈，七天七夜中，没有一只毛毛虫敢于离开队伍，爬向食物，最终全部因饥饿和疲乏而死亡。美国某企业创始人保罗·麦亚曾这样解释大象的温顺：大象能用鼻子轻易地将一吨重的行李抬起来，但我们在看马戏表演时却发现，这么巨大的动物，却安静地被拴在一根小木桩上。因为它们自幼小无力时开始，就被沉重的铁链拴在牢固的铁桩上，当时不管它用多大的气力去拉，这铁桩就是一动不动。于是，"铁桩拉不动""铁链拉不断"就成了一条经验，一直存留在它的脑子里，及至幼象长大，虽然气力增加，但只要身边有桩子，它们就不敢妄动。

　　与动物相比，人是要高明得多了，因为人有一个善于思维的大脑。我们生活在改革的年代，用大脑汲取知识和智慧，这使我们变得坚强，勇于创新；但我们所处的环境又是错综复杂的，世俗的偏见仍像一张无形的网，可能使我们变得软弱、守旧。我们之所以在世俗的偏见面前左顾右盼，裹足不前，是因为我们缺少足够的勇气，没有充分利用大脑这个最强大的武器。

不敢向前迈步，其实是自己吓唬自己！摒弃世俗的偏见，拿出勇气来，干点儿你不敢干的事，成功肯定会在前面等你。

（周江海）

道德面前人人平等

改革开放以来，有一句话逐渐深入人心，这便是"法律面前人人平等"。在现实生活中，兑现这句话并不容易。"刑不上大夫，礼不下庶人"的封建阴影依然笼罩着不少领域，贪赃枉法、钱权交易之类比比皆是。这里，由法律问题自然引发出了道德问题。毋宁说，"法律面前人人平等"必须以"道德面前人人平等"为前提；没有"道德面前人人平等"，也许"法律面前人人平等"将永远只是一句空话。道德不等于法律，但很多法律条文是为维护道德而制的。

《道德经》（即《老子》）云："道生之，德畜之，是以万物莫不尊道而贵德。"千年相习，"尊道贵德"的结果，"道德"一词便成了一个独立概念，成了社会人等必须受其约束的行为规范。比如"父慈子孝"，这可以说是人类社会中一条放之四海而皆准的道德规范，父不慈、子不孝在任何民族、任何国家、任何时代、任何社会都是受人唾弃的。再比如"严以律己，宽以待人"，这也是人类社会共同的道德信条，没听说哪个民族或国家倡导"宽以律己，严以待人"。

然而，在事实上，父不慈、子不孝者有很多，宽以律己、严以待人者也有很多。任何道德规范，道德信条都不可能约束所有人，总要有人无视、藐视、蔑视道德，而做出这样那样不道德的行为，也就是人们常说的"缺德"。为什么常常有这种现象？为什么老是有人"缺德"呢？这就牵涉到人性善恶问题了。

到底"人之初，性本善"还是"人之初，性本恶"？这恐怕是一个永远争论不休的哲学命题。正像"先有鸡，还是先有蛋"那样，谁也说不清楚。我们不妨说，在人的天性中，恐怕善恶兼而有之。长大之后"向恶"还是"向善"，则决定于后天的种种复杂因素。探讨人性的这种复杂性，这是哲学家的事儿，不是这篇短文的任务。这里要说的是，如何抑恶扬善，增强人们的道德观念、道德意识，净化人们的灵魂，而把"缺德"之人、"缺德"之事减少到最低限度。也就是说，如何实现"道德面前人人平等"。

众所周知：金无足赤，人无完人。即使尧舜禹汤这些古圣先贤也不可能毫无缺点。然而，"君子之过也，为日月之蚀"，并不影响他们的伟大光辉。这些古圣先贤，就成了历代上自帝王下至百姓的道德典范。像尧舜的大公无私禅让天下，像大禹的治理洪水拯救黎民，"劳身焦思居外十三年，过家门不敢入"，都成了中华民族传颂不绝的道德佳话。正是这些古圣先贤以及他们之后的那些圣君贤相、英雄豪杰，发挥了巨大的精神力量，树立了光辉的道德榜样。榜样的力量是无穷的。但是，在改革开放的今天，在商品经济的大潮中，如何进一步发挥这些榜样的作用，却是一个必须认真研究的课题。比如，是"大公无私"还是"大公有私"？提倡"大公无私"精神和实现自我价值、发挥个人作用、谋取个人发展之间的关系等，都不能简单对待。然而，无论如何，尧舜禹汤这些中华民族的精神祖先、道德典范不能丢，必须让他们重振神威，再放光彩，在中华民族新的振兴中发挥不可取代的作用。

与此密不可分的，是大力加强廉政建设，树立良好的社会风气和道德面貌。

而且，在大力加强廉政建设的同时，要进一步完善法制和道德。我们必须大声疾呼："道德面前人人平等"！也要不遗余力地争取"道德面前人人平等"！"道德面前人人平等"必须和"法律面前人人平等"携手共进！

（袁良骏）

必要的妥协：一种克己制胜的人生策略

被称为美国之父的富兰克林，年轻时曾去拜访一位前辈。那时他年轻气盛，挺胸昂首迈着大步；未进门，他的头就狠狠地撞到了门框上，疼得他一边不住地用手揉搓，一边看着比他矮的门。出来迎接他的前辈看到他这副样子，笑笑说："很痛吧！可是，这将是你今天来访问我的最大收获。一个人要想平安无事地活在世上，就必须时时刻刻记住'低头'。这也是我要教你的事情。"这真是：人在矮檐下，不得不低头呀！

富兰克林把这次拜访得到的教导看成最大的收获，并把它列入一生的生活准则中。这对他后来建功立业、成为一代伟人不无帮助。

由富兰克林我想到了中国古代两个"低头"与"不低头"的故事。故事主人公的举止行为截然相反，但给后人的启示则异曲而同工：必要的妥协，实乃人生一大策略。

先说"不低头"的事儿。《水浒传》第十二回上有个故事，叫《汴京城杨志卖刀》。这杨志是水泊梁山一百单八将中的一个重要角儿。

故事讲的是杨志在京城里面花光了钱，衣食无着，只好把祖传的宝刀拿到市上去卖。没想到，他碰到一个外号叫"没毛大虫"（大虫即老虎）的臭无赖牛二。这个牛二一向胡作非为，没人敢惹他。牛二看中了杨志的宝刀，又没有钱买，便无理纠缠起来。他问杨志，为什么叫宝刀？杨志一一说了刀的特点：砍铜剁铁，刀口不卷，吹毛得过；锋利无比，杀人刀上没血。牛二不信，杨志便当场试验。先是剁一摞铜钱，从上到下一劈两半；又拿一把头发，对着刀口用力一吹，头发都断成两截，纷纷飘落。牛二还要看刀不沾血，杨志说可以找条狗来试试。喝得半醉的牛二存心耍无赖，非要杨志杀人试试不可，并向杨志大喊大叫："你要是条好汉，就剁我一刀！"这牛二还动手动脚，打了杨志。杨志见牛二欺人太甚，一时性起，便朝他脖子上捅了一刀，把他捅倒了，又赶上去，往胸脯上连刺几刀，把牛二给杀死了。

杨志这一举动算不算勇敢？一般来说也算。但和一个街头流氓无赖争气斗狠，虽说"勇敢"了一回，却被关进了死牢。要不是朋友相救，他便会活活丢掉性命。倘使这样，一条英雄命换个无赖命，实在可惜。

杨志当然是英雄，是豪杰，但他手刃牛二之举，的确只能说是蛮勇、匹夫之勇。这只要和韩信受胯下之辱一比较，就可见出高低了。

这里便要说说该低头时且低头、当妥协处便妥协的韩信了。《史记·淮阴侯列传》上记载，韩信年轻时家里很穷，自己不善谋生，时常四处流浪，向人讨饭吃。一天，韩信在街上逛，被一个杀猪佬的儿子瞧见了。这小子看韩信贫寒的样子，就存心欺侮他。这家伙来到韩信面前，故意挑衅地说："你这么大的个子，腰里还挎着刀呀剑的，有多大能耐！我看你是表面上强壮、骨子里虚弱，胆子没有兔子的大！"那小子一吵吵，很多人便围上来看热闹。人一多，他更来劲了，更显出无赖本色："你有本事，不怕死，就用你那宝贝剑把我杀了；若胆小怕事，就从我胯下钻过去！"说着，他还真的叉开双腿，等着韩信去钻。韩信看看这小子，摇摇头，叹口气，就俯下身子，从他的胯下爬了过去。围观的人哄堂大笑，都以为韩信是个胆小鬼。

后来，韩信受到刘邦重用，被拜为大将军，带领千军万马向北进攻。在和赵王的决战中，韩信只有几万人，而对方有二十万大军，但他毫无惧色，挥师挺进，背水一战，结果以少胜多，大获全胜。之后，韩信路过家乡，派人把那个杀猪佬的儿子找来，那小子吓得战战兢兢，以为非死不可了。韩信不但没有杀他，还给了他一个小官，并对手下的将官说："我不但现在可以杀这个人，当年我也可以杀死他。但我想，杀了他当初我就得偿命，这样的话，又怎能建立大丈夫的功业呢？不能因小失大，所以就忍下这口气。不然，怎么会有今天呢？"

小不忍，则乱大谋。这是古代多少人的人生经验的概括。韩信忍小辱而最后成大志，令多少人心生敬意。对于一个血气方刚的人来说，妥协与隐忍，有时并不是胆小、怯懦。忍让、低头，既要战胜别人，不顾世俗的歧视，更要战胜自我，消除或压抑受辱时的复仇心理，这又何尝不是一种勇敢呢？低头，有时是一种大智若愚的勇敢。

一个人除非先控制自己，否则他将无法控制别人；能战胜自我的人，才有可能克敌制胜。佛教《法句经》上有句名言，颇值得玩味："战场胜千敌，不如胜自己。"

我们知道，军事斗争，外交往来，商场较量，无不充满争夺与妥协的合奏。妥协是军事艺术、外交策略、商战技巧，它也蕴含着人生之道。生活中，我们不一定就遇到杨志、韩信那样的事，但类似的、其理相通的考验人人都可能遭遇。心存鸿鹄之志又学会必要的妥协，实在是非常必要的。低头妥协往往与坚忍相连，德国诗圣歌德说过一段富含哲理的话——

只有两条路可以通往远大的目标，及完成伟大的事业：力量与坚忍。力量只属于少数得天独厚的人，但是苦修的坚忍，却艰涩而持续，能为最微小的我们所用，且很少不能达成它的目标，因为它那沉默的力量，随时间而日益增长为不可抗拒的强大力量。

朋友，人生舞台，风云变幻，何处没有矛盾，何时没有纷争？学会聪明的妥协，培养坚忍的心智，积蓄奋进的力量，这乃是为人的方略、处世的艺术啊！老子讲"大智若愚""大巧若拙"，我们是否可以加一句：大勇若怯？

（范军）

处世，如何保持自我心理平衡

要在复杂纷纭的人际交往过程中始终保持自我心理平衡，做到不亢不卑，豁达大度，心平气和，不仅需要多方面的学识，还需要在实际生活中有意识地进行人格情操修养和心性意志锻炼。应当说，现实生活云谲波诡，而保持自我心理平衡的途径也是多种多样，这里仅依据人生道德修养的不同境界，提出四种平衡法则，供朋友们参考。

一、伊索法则，亦称"情感法则"

古希腊哲人伊索曾讲过这样一个寓言："一只饥饿的狐狸看到葡萄架上垂下几串成熟的紫葡萄。它用尽了各种办法想够到它们，但是白费劲，怎么也够不到。最后它只好转身离开，为自己的失望解嘲说：'肯定不像我当初想的那样，这些葡萄是酸的，还没成熟呢。'"生活中，我们常常会有这样的糟心事：本来该非我莫属的美差或待遇却被别人捷足先登；本来该归到我名下的荣誉或地位却被他人鸠占鹊巢。在这种情况下，就可以用伊索法则来保持心理的平衡，而不致使自己过于"情绪化"而走入极端。酸葡萄心理，是一种原始的情感型自我精神安慰法，它是建立在希望"这事对他有所不利"的假设上的灰色心理平衡法，而且带有明显的不高尚的成分和自欺性质。但能保持这样的平衡，总比遇事即炸，逢火就燃，搞得整日明争暗斗，睚眦必报，痛苦不堪要好得多。

二、契诃夫法则，亦称"理性法则"

俄国大文豪契诃夫是一位对人的心理有深刻研究的出色医生。他曾对一些心理不平衡并由此萌生自杀念头的人写过这样一篇箴言式的短文：

为了不断地感到幸福，那就需要：（一）善于满足现状；（二）很高兴地感到："事情原本可能更糟呢"，这是不难的：

要是火柴在你的衣袋里燃烧起来了，那你应当高兴，而且要感谢上苍：多亏你的衣袋不是火药库。

要是有穷亲戚上别墅来找你，那你不要脸色发白，而要喜洋洋地叫道："挺好，幸亏来的不是警察！"

要是你的手指头扎了一根刺，那你应当高兴："挺好！多亏这根刺不是扎在眼睛里。"

如果你的妻子或者小姨练钢琴，那你不要发脾气，而要感激这份福气：你是在听音乐而不是在听狼嗥或者猪的音乐会。

你该高兴，因为你不是拉长途马车的马，不是寇克的"小点"，不是旋毛虫，不是猪，不是驴，不是茨冈人牵的熊，不是臭虫……你要高兴，因为眼下你没有坐在被告席上，也没有看见债主在你面前，更没有跟主笔士尔巴谈稿费问题。

如果你不是住在十分偏远的地方，那你一想到命运总算没有把你送到偏远的地方去，岂不觉得幸福？

人的心理失衡，根本的原因在于个体受到外界的刺激，在主体与客体的对比乃至攀比过程中被诱发的。契诃夫法则主要是针对自身原因造成的痛苦而设定的平衡法则。这令人想起鲁迅笔下的阿Q。但这对生活在充满竞争、纠葛和矛盾的现实中的每一个人来说，是非常实际和有用的理性法则。如果你能熟练而正确地运用这种理性的精神治疗方法，就可以化解不少心理障碍，从容应对人世间诸多灾难和痛苦，保持一颗平静、安详、快乐的心，显然这比酸葡萄心理在道德境界上要高出许多。

三、孔子法则，亦称"爱人法则"

春秋时期的孔子根据当时的社会环境，通过他对人际交往关系的深刻观察和思考，提出了"仁者爱人"的思想，强调"己欲立而立人，己欲达而达人"。用今天的话说就是：你想要获得掌声和鲜花吗？那就先帮助别人取得成功吧；你想要事业发达、声名显赫吗？那就先帮助别人显赫吧。这是一种爱人如己、"四海之内皆兄弟"的理想境界。显然，如果一个人在处世交往中能视他人的成功为自己的成功，视他人的幸福为自己的幸福，那么，他就会时常保持一种良好的精神状态，心理就不会失衡。

四、庄周法则，亦称"齐物法则"

千百年来，无数的哲人智者都在为求得生命的彻底解放和人际关系永恒的和谐与平衡而求索不止。老庄哲学就是其中的一派。庄子的基本观点是："我与天地并生，而万物与我同一。"他认为："古之得道者，穷亦乐，通亦乐。乐非穷通也，道德于此，则穷通为寒暑风雨之序矣。"一个得道者，既然和万物化为一体了，已溶汇于自然之中了，当然也就消除了任何精神和物质现象发生"不平衡"的基础。他认为，个体生命经过刻苦而虔诚的修习与磨炼，返璞归真，恬淡虚无，就能使人的本性得到恢复，从而明心见性，顿悟真谛，达到"无我"的境界。在这些得道者眼里，无论他所处的环境是何等恶劣和虚妄，他都认为这是真实而圆满的环境；同时，无论他所处的环境是多么风光美妙，他都认为这是虚幻不实的假象。正如爱默生所说："生活总是作为一幅幻象呈现在我眼前，最确凿、最难辩驳的行为也不过是一种幻象。"有了这种顿悟，他就会超越和摆脱浊世的羁绊与锁链，就消弭了生死、荣辱、善恶、苦乐、人我等人为的对立概念，达到万法平等、心无挂碍、"也无风雨也无晴"的圆融净慧之境。那么，这样的人就必然像兰德所说的"我和谁都不争，和谁争我都不屑"。因为他将一切现象都视为自然而然的流动过程，从而获得了老子所推崇的"知足之足"的太快乐境界。

"齐物法则"是一种古老原始的精神平衡法则。如果人们能对古老的哲学观念发生兴趣，如果能认识到这种哲学的真实价值，并以坚定的信念切身进行实践的话，一定能发现这是真正富有生命力的哲学，是真正能使人获得高度自由和快乐的哲学，人们会从中发现人生和生活的崭新概念，会发现这才是保持心理洁净、和谐、平衡的"不二法门"。

（杨云岫）

让心境转动环境

仁心：替老总背"黑锅"

2006年10月，我跳槽到沈阳高新技术产业开发区一家化工公司，在检测部担任主管。老总叫潘晖，大我六岁，是我的学长。加盟公司后，他亦"司"亦友，和我的感情很深。

2007年4月的一天上午，常务副总李复明一脸怒色地进了潘晖的办公室，不一会儿，两人就发生了激烈的争吵。员工们面面相觑，谁也不敢上前劝阻。

这时，我接到了潘晖的电话，让我马上去他的办公室。等我走进办公室，潘晖将一张报表甩在我的面前，说："这张报表是你做的吧？"

这是上个月氯化铝的分析报表，我仔细一看，并不是我填写的。我疑惑地说："潘总……"潘晖扬手打断我的话，用痛心疾首的语气说："刘部长，我一向器重你，可没想到你对工作这样粗心大意！"

我头脑嗡地一下，正要据理力争。李复明插话说："刘部长，你实话实说，这份报表究竟是不是你做的？"李复明的话反而提醒了我，每天的分析报表我直接交给潘晖，那份报表越看越像是他的字迹。上个月，潘晖曾暗示我将一批氯化铝的分析报告单在误差允许范围内，提高一个百分点，当时我没有改。现在如果我不认下来，无疑会让他陷入被动和尴尬。

于是，我违心地承认是我工作的失误。潘晖如释重负，看了我一眼。对李复明说："李总，这是个偶然事件，公司的绝大部分产品还是合格的，作为主管业务的副总，你应该将更多的精力放在开拓市场上……"李复明冷哼了一声，甩门而出。

恢复平静的潘晖拍了拍我的肩膀说："我没看错人。"我试探着问："潘总，那份分析报表……"潘晖不以为然地说："李复明太书生气了。现在市场上根据产品纯度定价，纯度高，销售更旺。"

从此，李复明不但处处压制我，还常常讥诮我摆不正位置。

真心：化解对手的偏见

一天，一个同事不小心将数据弄错了，结果，李复明黑着脸将我训斥了一通。在下午的工作例会上，李复明以检测部工作存在问题为由，直截了当地提出要调整主管人选。

会后，我越想越不是滋味。作为化学硕士的我，并不愁另谋出路，与其被人撵走，还不如主动辞职体面。就在我写辞呈时，潘晖将我叫到了他的办公室。

潘晖听了我的一通抱怨后,若有所思地说:"继元,有一句老话,叫'愚人除境不除心,智者除心不除境'。工作中无法避免矛盾,全看你如何调整心态,去处理个中关系。"潘晖的话让我心里敞亮,跳槽不是解决问题的根本办法,留下来,用真诚化解李复明的敌意才是最佳办法。

第二天的办公例会上,我主动辞去了检测部主管之职,潘晖提名我担任总经理助理,虽然李复明极力反对,但由于其他副总的支持,我的任命顺利通过。

随着身份的改变,我对公司的生产经营有了更多的了解:公司是股份制,潘晖和李复明都是大股东,公司的经营权也由他们二人把持。

一天上午,李复明到办公室点将,让一位同事跟他去天津洽谈生意。恰巧,那位同事的爱人生病住院,脱不开身。我感觉这是一个与李复明改善关系的机会,于是主动请缨。李复明愣了一下,答应了。

那次天津之行,我和李复明配合默契。合同签订后,客户请吃饭时,由衷地对李复明竖起大拇指,夸奖他强将手下无弱兵。李复明赞许地朝我笑笑,我内心一阵欣喜——这正是我盼望的!

在回来的火车上,李复明跟我聊及他的家庭。当我得知他的父亲饱受颈椎病折磨时,心里有了主意。几天后,我提着一个水果篮和几盒中药,敲开了李复明的家门。李复明又意外又感动,将我拉到一家酒馆,举起酒杯说:"小刘,以前我对你有偏见,认为你是潘晖的人……"

看着李复明清澄的眼神,我突然萌生了一个念头:自己为何不从中斡旋,让潘晖和李复明和好如初呢?

本心:我对老总说"NO"

这年10月的一天,我请潘晖喝茶,试图调解他和李复明之间的矛盾。谁知潘晖却说:"下个月要召开董事会,李复明四处游说董事会成员,现在他连你也想拉拢,这更证明了我的判断:他想将我赶下台,他好坐正。"潘晖告诫我不要和李复明走得太近。我意识到,潘晖对李复明的成见很深,劝说根本无济于事。

一个月后,公司董事会如期召开,公司中层干部列席了会议。在会上,李复明突然抛出一份提案,建议董事会考虑在天津筹建一家碳酸锶公司。潘晖敏感地意识到什么,第一个站出来反对。其他的董事有的赞成,有的反对,一时莫衷一是。这时,潘晖点名让我发言。

会前,李复明和我沟通过,我是赞同提案的。于是,我字斟句酌地说:"碳酸锶的利润空间相对较大,天津离北京很近,是人才集中的地方,而且成本又不高。我相信,只要重视人才和生产工艺,开发碳酸锶产品一定会成为公司新的经济增长点。"

潘晖瞪了我一眼,脸色十分难看。我装着没有看见,心里有些发虚。这样的表态,无疑会使我和潘晖之间产生隔阂,可出于本心,我没有选择。接下来，李复明却受到了鼓舞，条分缕析地介绍碳酸锶的优势。

最终，董事会以多数票通过了李复明的开发碳酸锶的提案。董事长当场宣布，由我和李复明负责新公司的筹建工作。

会后，我走进潘晖的办公室。潘晖看看我，摇着头说："我没想到你会倒戈一击，去帮李复明，实在太让我失望了！"

我认为自己问心无愧，是凭本心说话，而且李复明在这件事上并没有私心，可潘晖却听不进我的解释。

坦荡之心：赢得成功和友谊

碳酸锶项目很快在天津申请立项，并开工建设，李复明任总经理，我任总工程师。2008年3月，公司试投产。然而，不管我如何努力，产品仍然很难达到高品质的要求。董事会对我和李复明的工作开始质疑，要求我和李复明回沈阳述职。

我意识到，自己虽然理论知识丰富，但欠缺实际经验。也许，另外聘请总工是更明智的选择。于是，在回沈阳述职的前两天，我给潘晖打了一个电话，透露了自己的想法。潘晖动情地说："继元，我钦佩你以退为进的勇气！"顿了顿，他又说，"我误会你了。当初你赞同李复明的意见，的确是出于本心，没夹杂个人情感。"放下电话，我知道，我和潘晖之间的隔阂已经成了过往云烟。

当我在述职会上提出辞呈、并建议聘请一个经验丰富的专家任总工扭转生产被动的局面时，潘晖带头鼓掌。一些本来准备责难我的董事，也向我投来了赞许的目光。一场欲来的风暴，因为我的主动辞职而轻松化解。

不久，公司聘请了一位资深专家担任总工，碳酸锶的质量终于得到稳定的提升。然而，更大的考验还在后头。由于李复明拓展市场心切，导致一笔50万的款项无法讨回。董事会召开特别会议，一些董事要求李复明引咎辞职。李复明是个炮筒子脾气，会议上一时吵得不可开交。

这时，潘晖不紧不慢地说："临阵换人容易，可是谁能保证比李复明更出色？谁能？！"因为潘晖曾是坚定的反对派，他的话很有分量。李复明继续担任常务副总职务。

2008年9月，公司的生产经营开始赢利。不久，董事会正式任命我为副总经理。我、李复明和潘晖一起吃饭，三人相视一笑，泯却过去的是非恩怨。

潘晖、李复明和我三个人，曾经过从甚密，也曾心生罅隙，但最终因为心的契合，成了朋友。这应了那句话："愚人除境不除心，智者除心不除境。"除去的是私利和狭隘之心，打造的是仁心、真心、本心，更多的是没有个人私利的坦荡之心。只有这样，才能赢得友谊，赢得成功！

（雕翎箭）

推卸责任也就推走了朋友

单位有两位女士同在一个科室工作，平时她们关系处得很好。她们虽然没有像古代刘关张那样举行桃园结义的仪式，但她们也像结拜姊妹那样亲密。她们工作齐心协力，出行形影不离，并且都身材高挑，美丽漂亮，加之她们的名字分别叫桃花、梨花，人们把她们二人称为单位里的两朵花。

好花不常开，她们之间的友谊并没有长久地维持下去。事情的起因源于一次半夜警报声。她们两人所在的科室，是单位的一个重要部门，科室里安有警报器。不知当初安装警报器装置的人是怎样考虑的，偏偏把警报器安在窗口。如果不关窗子，一起风，警报器就响起来。有一天晚上，不知是谁走得晚，忘记了关窗子。后半夜，突然起风了，警报器铃声大作，惊醒了在单位住宿的领导和员工。他们忙往科室跑，谁知是虚惊一场，没有发现任何异常的景象，最后才知是没关窗户导致的。过后领导询问此事，桃花把责任全部推给梨花，梨花或许就是走得迟，忘记了关窗子。桃花虽然不用承担责任，很得意，但梨花和她之间有了隔膜。

还有一次,她们共同承担的设计任务,出了问题,领导追查责任时,梨花没有在场。桃花把责任全推给了梨花。单位的领导把梨花狠狠批评了一番,并且说要作出严肃处理。梨花面对指责和批评,觉得很委屈,她责问桃花:"设计是我们两个人的事情,为什么出了问题就是我一个人的责任?再说朋友应该有福同享有难同当,怎能让我一个人当替罪羊?"桃花被问得张口结舌,两人大吵了一架,她们之间的友谊出现了裂痕。

如果说前两次争吵,只是她们友谊中不和谐的音符,那么,后面的一次纠纷,彻底粉碎了她们的友谊。事情是这样的,一次梨花因公受伤,不得不请假在医院治疗。单位又一时不能给她们科室增派人手,领导就让桃花承担梨花的工作任务。桃花找各种理由拒绝接受任务,但领导置之不理,仍把事情交代下来。于是桃花消极应对,她觉得这多余的工作都应该是梨花做的,凭什么让我一个人承担?又不给我多加工资?最后领导无可奈何,只好又安排人来她们科室协助工作。

梨花知道桃花的行为后,从此不再理睬她了。她们虽然仍同在一个科室工作,但形同路人。就这样,桃花成功地推卸了责任,但她同时也推走了朋友。

朋友相处,要勇于同挡风险,共担责任。真正的朋友能为朋友遮风挡雨,为朋友承担责任,这样才能建立真正的友情,才能维持长久的友谊。交朋友,别推卸责任,推卸责任同时也就推走了朋友。

(武俊浩)

规则
改变环境也改变人心

梦想丰满，现实骨感

"梦想很丰满，现实很骨感。"这句话是虎年春晚小品《我心飞翔》里大队长的台词。因为参加训练的五个女飞行员都很想驾机飞过天安门，亲自参加60年大庆阅兵，但必须有一个人当"备飞"，无法实现梦想，这就是梦想与现实的差距。

梦想很丰满，现实很骨感，揭示了一个生活中很普遍的规律。我们每一个人都有梦想，梦想都很丰满，甚至丰满到漫无边际；但现实却很骨感，很残酷，很吝啬，总是让许多人的梦想破灭。

电视剧《蜗居》里，雄心万丈的海萍曾谈到自己留在大城市江州（上海）工作的"丰满"梦想：听大型音乐会，浏览东方明珠，逛大型超市、高档商铺，行有地铁、高架轻轨，住有豪宅别墅……所以，无论如何一定要留在上海。可实际呢，现实却很"骨感"，海萍，一个名牌大学毕业生，企业里的优秀白领，在上海待了十多年，连一次音乐会也没听过，一次东方明珠也没去过，也没有在高档商铺里买过一件东西，整天和妹妹换着穿衣服，甚至于为省下坐公交车的钱，干脆骑自行车上下班，一周六天连着吃挂面。这就是现实生活中千千万万的"蜗居"一族的真实写照，不禁令人慨叹，梦想太丰满，现实太骨感！

2010年2月，在第21届温哥华冬奥会上，中国人又实现了一个新的突破，花滑组合申雪／赵宏博以总分216.57分夺得冬奥会花样滑冰双人滑项目金牌，这是中国花样滑冰在冬奥会上获得的首枚金牌，也是自1964年冬奥会以来第一对获得这个项目金牌的非俄罗斯（苏联）选手。另一对中国名将庞清／佟健则屈居第二位获得银牌。其实他们实力非常接近，难分伯仲，就是因为非常微小的分差，便分出了冠亚军。无疑，他们都是抱着冠军的梦想而去的，但残酷、骨感的现实，逼着他们分别站立在冠亚军的不同位置上，让人喟叹"既生瑜，何生亮"。梦想与现实的差距，还因为梦想是务虚，与别人无关，梦想有多大多"丰满"都行；而现实则是务实，机会有限，舞台狭小，充满激烈竞争，每个人的理想都会与他人的理想发生激烈冲撞，最后只好优胜劣汰，物竞天择。

世间事不如意者十之七八，要减少"梦想很丰满，现实很骨感"带来的不如意，基本思路无非有二：一是梦想要尽量"瘦身"；二是现实要尽可能"增肥"。头一条"瘦身"可以自我控制，要主动放弃那些不切实际的、虚幻狂妄的梦想，使得梦想变得切实可行；第二条"瘦身"，则很难为个人所操控了，那多半要看时势与运气了，所以我们常说一句"形势比人强"。

（陈鲁民）

好高骛远：把我的成材拖后了七年

那年，我21岁，从市技校毕业后盼望着能找到一份可心的工作。然而，现实却无情地击碎了我的希望：我一次次地叩击就业的大门，但幸运之门却始终未曾向我打开。无奈，父母托人找了位烙花的师傅，让我跟他学习在木制品上烫烙美术图案的技术。于是，我屏气敛声、聚精会神地低着头跟师傅学艺。一天、两天……一个月下来，我累得腰酸背疼，想着自己就要这样用手工苦苦地干一辈子，一股莫名的悲哀顿时袭上心头。于是，我心猿意马、无精打采，在凑合着打发日子。我在偷偷地窥探信息，我要重新设计自己的人生，我毕竟还年轻。

记得那是个中秋节的夜晚，我告别师傅赶回家过节。为了欢迎我回家团圆，母亲早三天就准备吃的了。中秋节的晚上，家里的晚餐特别丰盛。晚餐后，我跟父母一同在院子里赏月。父亲把一块月饼递到我手里，然后认真地说："阿昌，你虽没有考上大学，也没有找到可心的工作，但是，你不要灰心，未来是靠真本事吃饭的社会，只要你有真才实学，同样能安身立命。"显然，父亲在鼓励我好好学习烙花技术，将来能拥有一技立身的本事。然而，一提起那烙花的活儿，我就会本能地生发出一种厌烦的情绪。于是，我试探性地跟父亲说："爸，这烙花的活儿我实在没兴趣，我想干点儿别的。"

"干点儿别的？那你能干啥？"在清丽的秋月下，父亲的脸显得异常严肃。

"我想学中医！"

"学中医？……"父亲盯着我的眼睛，好像在问："你能行？"

"爸，我还是对中医感兴趣，我想，自己感兴趣的事一定能做好。"我解释说。

就这样，一个星期后，我辞别了烙花的师傅，在城里又师从于一位名中医。岂料，我刚刚捧起了那厚厚的医书就后悔了，那望、问、叩、切，那"八纲辩证"，那《医宗金滥》……简直令我头晕目眩。但是，这条从医的路是我自己选择的，况且，这条路我才刚刚开始学步，我不好意思再向父母提出改行。就在我心不在焉地跟在老中医身边看医书的时候，我初中时的老同学阿明找到了我。他说，听别人说，家乡不少人在武汉做生意都发了，问我有没有兴趣跟他一起去武汉做被面生意。我一听，心中又不禁浮躁起来，我多么想闯出一条经商的路啊，我想象着自己当老板、发大财的滋味，我描绘着自己未来的宏伟蓝图……此刻，我的胸中有一团火在燃烧，周身被升腾的烈焰炙烤着。我实在按捺不住狂跳的心，于是，便跑回家跟父母商量，要求筹资做生意。然而，当我的想法刚说出口，就遭到父亲的竭力反对:"阿昌啊,你不要朝三暮四了,人生误不起,也输不起,你以为生意是那么好做的吗?我跟你妈辛辛苦苦一年干到头,积攒几个钱容易吗?我劝你还是不要心血来潮……"父亲苦口婆心,像是在哀求我。但是,经商的诱惑,我实在无法摆脱。我知道,母亲心软,容易说服。于是,我先做通了母亲的思想工作,然后让母亲去说服父亲。终于,经不住我们母子俩的双面夹攻,父亲违心地同意了。当母亲把还带有她体温的2万元现金交给我时,我发现她的手都颤抖了。我知道这是父母亲多年节衣缩食积下来的一点儿钱,也是我家的全部积蓄。我捧着父母这笔滚烫的血汗钱,自然掂出了它的分量,只觉得心里沉甸甸的。

两天后,我跟阿明就进完了货,这时,我的身上只剩2000元现金了。十几天后,货发到了武汉,我们取了货进入市场交易。这时,办理营业手续又花去了我一笔钱。然而,我们万万没有想到,我们进的货因为款式陈旧,在武汉已经没有市场,我们的营业摊前门可罗雀、乏人问津。一个多月下来,我们非但没销出去被面,反而花光了身上所有的钱。一下子,我们便陷入了困境。为了糊口、住宿,我们只好将成本价数十元一条的被面以每条十几元的价格出售。为节省开支,我们搬出了原来租住的旅店,去住百十号人一大间的废弃仓库。吃饭,也只能就着咸菜,还常常只能每天吃两顿。然而,屋漏偏遭连夜雨,就在我经济上捉襟见肘、窘迫不堪的时候,一天夜里,我身上卖被面挣来的仅有的500元钱又被小偷扒窃一空。摸着干瘪的口袋，我真想大哭一场。但是，我不能哭，商场不相信眼泪。走到这步窘境，我们只好以更便宜的价格将货尽快推销出去。十几元一条没人要，就卖七八元，就这样，当货物告罄时，我们仅仅攒够了回程的路费。啊，生意做得血本无归，父母亲2万元血汗钱被我泡了汤；当我回家见到父母时，只觉两腿一软，扑通一声瘫倒在地。这时，内心的懊丧与悔痛再也无法抑制，我抱住母亲的肩膀便撕心裂肺地号啕起来。儿子再大，在父母面前永远是孩子。因此，在儿子遭遇打击的伤心时刻，其心理与情感会显得格外脆弱，那悲烈的情绪总是向着父母发泄。顿时，整个屋子响起了一片悲咽声。顷刻之间，父母亲都惊呆了，他们那日趋老化的身心哪能承受如此惨烈的打击呀。此刻，透过朦胧的泪眼，我才发现，父亲已是皱纹满面、两鬓染霜，似乎一下子苍老了10岁。啊，父亲，这都是这些年来我这不争气的儿子害的呀！泪水，冲垮了情感中横陈的大坝，顷刻汇成了哀伤的海洋。

　　一连几天，我茶饭不思、昏昏沉沉躺在床上，我看到了自己无望的人生。就这样，我在失望的情绪包围之中，在家浑浑噩噩地又荒废了不少宝贵的光阴。岁月，无情地将一个好高骛远、朝秦暮楚的游子抛在了时代的身后。

　　斗转星移，时光悄然地流逝。这天，父亲又动员我去继续学中医。这一次，我从他那脸上刀刻的皱纹中读懂了人生的艰辛、涉世的不易。

从此，我不仅虚心地师从于老中医，而且刻苦地钻研中医理论。慢慢地，我的中医理论功底和临床实践经验基础一步步地坚实起来。后来，我通过努力，考进了医科大学的成人大专班，三年后获得了医学大专毕业文凭，后被有关部门安置在一家医院工作。

当我掌握了中医医技而安身立命的今天，早已跨过了"而立"之年。倘若我当初专一从艺或学医，在二十几岁时本应成材立业，然而，朝秦暮楚、四处掘井，使我的成材拖后了七年。这是人生的黄金时期，但它却被我白白地浪费。今天，我才深刻地认识到：涉世第一步时的择业好比选井址，一旦选准了地方，就要以专一的忠贞和百分之百的坚韧去全力挖掘，任何怯懦慵懒地退缩和朝秦暮楚地四处掘井，一辈子都挖不出水来。

（卢仁江）

正直是金

什么是正直？从字面上理解：正派+耿直=正直。所谓正派，就是为人公平公正、光明磊落、大公无私；所谓耿直，就是性格直爽，表里如一，说话不兜圈子，做事不绕弯子。由此可见，正直是一种崇高的品格，是一种高贵的气质，是一种高尚的个性。正直是金。

正直是一个人的内在气质，是一种人格力量，是人的一种美德。一个人如果失去了正直的品格，就称不上是一个大写的人，其人际关系不可能和谐，个人也就难以发展进步。在社会实践中，怎样才能做到正直呢？一是要有正义感。在传统道德伦理中，经常把勇和义联系在一起。《论语·为政》篇云："见义不为，无勇也。"《吕氏春秋》中讲，"所贵勇者，为其行义也。"西汉哲学家、文学家杨雄说："勇于义而果于德。"见义勇为是一个人正直的表现。正直的人，他勇于承担责任，不会揽功诿过；正直的人，他勇于仗义执言，不会畏惧权势；正直的人，他勇于锄强扶弱，不会落井下石。多一个见义勇为的人，我们的社会环境就会多一块安宁的天地；仗义执言的人多了，歪风邪气就少了。在正直的天地里，才能够铲除"高尚成为高尚者的墓志铭，卑鄙成为卑鄙者的通行证"的可悲现象，创造出"君子乐得做君子，小人枉费为小人"的美好环境。二是要是非分明。在是非面前，要一是一，二是二，不要模棱两可，含含糊糊；不能见风使舵，在大海中航行见风就使舵的人永远不能到达彼岸；更不能颠倒黑白，混淆是非，昧着良心说话办事。一个人如果没有是非观念，就不可能是正直的，也不可能是公正的。你看一个人在是非面前躲躲闪闪、模棱两可，他要么是怕担责任，要么是怕惹麻烦，要么就是想把事情弄糟，看别人笑话。是非观念鲜明的人，他一定是正直的人。鲜明的是非观念是一个人是否正直的分水岭。三是要爱憎鲜明。爱憎鲜明同样是一个人正直的体现。表扬什么批评什么，赞成什么反对什么，爱什么恨什么，都要旗帜鲜明，而且爱要爱得使人清楚明白，恨也要恨得使人清楚明白。凡是朋友多的人都是爱憎鲜明的人。爱憎鲜明的人不会坑你，不会害你；当你有危难的时候，他会帮助你，当你有成果的时候，他会分享你的喜悦。在人生这棵大树上有两种果实，一种是晚熟的成熟，一种是早熟的圆滑。晚熟的成熟才能让人体验真正的甜味，早熟的果子一定是苦涩的。什么是真正的成熟？我认为，成熟的人能够用自己的眼睛看世界，用自己的脑袋想问题，不会随波逐流，人云亦云，丢掉自我；成熟的人能够认识自己，发现自己，发展自己，不会在顺境中忘乎所以，在逆境中垂头丧气，扭曲自我；成熟的人能够与人和谐相处，理解别人，关心别人，帮助别人，不会以牺牲别人的利益来成全自己，败坏自我。

做一个正直的人还要注意把握好分寸，我想主要是要做到"四不"：一是行为方正，但不苛刻。黄炎培先生曾经讲过，做人要内方外圆。内方外圆就是像过去的铜钱一样，外边是圆的，里面是方的。如果里边是方的，外边也是方的，为人苛刻，那你走到哪儿就会拐到哪儿，肯定会伤害别人的。所以，我觉得一个人既要行为端正，有锐气有棱角，还要不刺伤别人。二是行为正直，但不放肆。行为正直如果放肆，那就没有了规矩，就像脱缰的野马，到处横冲直撞，会使别人吃苦头，自己也会吃苦头的。所以，正直不能放肆，正直是有分寸的，是讲规矩的。三是行为光明，但不炫耀。一个君子的心胸是坦荡的，但是才能是深藏的，智慧是深藏的。光明磊落，是指一个人品质高洁，夸夸其谈炫耀自己，是妄自尊大。为人要光明磊落，但绝不能炫耀。炫耀是骄傲，是肤浅，也可以说是无知。四是独立进取，但不自私。自己有独立进取的意识，但不贬低别人。你想得到一些成绩，但不要踩着别人的肩膀往上爬。君子既精又明。正直的人必然是对众人和气，对下级宽厚，对别人仁慈的人。

（王庆元）

规则
改变环境也改变人心

门在哪里

　　四个即将毕业的女大学生来到某实力雄厚的公司实习，她们都想最终留下来，而实际的情况却是只能有一个人能留下来。四个女大学生的能力实在不相上下，平时的表现也都不错，真是让老板难以取舍。

　　一天，一位陌生男人来找老板，他的衣衫邋遢，神情唯唯诺诺胆怯猥琐，看上去是属于低俗的那种人。老板不在，那人便尴尬地站着等。四个女孩子仍低着头忙着各自的事情。终于一个女孩子心有不忍，请那人坐下，并给他倒了一杯纯净水。"噢，水还可以这样倒的呀。"那个男人注视着饮水机说。其他三个女孩子都捂着嘴偷偷地笑，但是倒水的女孩子还是认真而简洁地给他讲述了一下倒水的方法。

　　那人喝完水后又等了一会儿，可能是觉得无趣，起身要走。不知是近视还是惶恐，他居然找不到门。"门在哪里？"他问，一边茫然四顾。有个女孩不由得笑出了声。

　　倒水的女孩子闻声而动，将他引到门边，为他打开门，又把他送到门外，指点他走出办公大楼。而屋内的其他三个女孩子则爆发出一阵欢快无忌的笑声。

老板回来后,有人将这件事当作趣闻讲给他听。老板也笑了,没说什么。不久,留用人员确定了下来,是那个倒水和开门的女孩子。

后来,老板在一次员工大会上细谈了他留用这个女孩子的原因。他说:"进门的都是客,无论是做什么的,什么打扮的人,我们首先应该在礼仪上尊重人家,无论是从商家顾客至上的角度还是处世修养与人为善的角度,我们都应该这样做。另外这个女孩子能够主动给陌生人倒水、开门的行动,说明她善良的同时,也表明她能站在对方的角度想问题。那个陌生人对这些事情的好奇和笨拙,只是由于他对环境的生疏。试想如果我们也到了一个陌生的环境,就肯定能对那里的一切都了如指掌吗?推己及人,我们也需要这样体贴的引导。这个女孩子觉得自己比陌生人熟悉这里的环境,所以有义务帮助他,这是对人的理解和关怀。""所以,"老板顿了顿接着说,"从一个陌生人的角度我会选择这个女孩;从老板的角度我更会选择这个女孩。世界上最重要的事情就是关于人的事情。我相信,她既然能够如此善良,如此周全地做好这件关于人的事情,她就一定能够更加优秀的完成自己分内的工作。"

另外三个女孩子走了,但她们最终也没有弄明白,自己为什么会败在倒水、开门这样微不足道的小事上,而老板又为什么会对这样的小事如此看重。

(吴疆疆)

汉正街，我的滑铁卢，我的大学

汉正街原是武汉市内一个不起眼的街道，改革开放使这条街道成了全国最幸运的街道之一，这条以批发为主的鸡肠子似的小巷里商品多而且全，每天都有老板诞生，也有老板走麦城。这里三教九流鱼龙混杂，时刻演绎着虽不见刀光剑影但残酷无比的商战故事，也总在上演着义薄云天、感人肺腑的人间真情故事。我曾在汉正街上实现了我的老板梦，也经历了理想的幻灭，得到过为人与经商的刻骨教训。

我的汉正街故事还得从1990年说起。那一年，高考落榜的我在故乡的小镇上开了一间不大的门面，经营服装。我的货都是从汉正街进的，每次进货我都爱去帅尔时装有限公司，因为那里的服装做工精良，款式多样。我选择帅尔时装有限公司的另一个原因是帅尔的老板刘总为人重义气，懂得尊重人。我和刘总的身份相差不止一个档次，但每次刘总见到我总是一脸真诚的笑，让我心里热乎乎的。每次我去进货时，当天赶不回去，刘总知道像我这样做小本生意的人不容易，便总是安排我在他公司的空闲单身宿舍里休息，以减少

规则
改变环境也改变人心

开支降低成本。一来二去我们就混熟了，我也就知道了刘总的过去，知道了刘总原来也是农家子弟，从一个小裁缝慢慢做到拥有千万资产的大老板。了解了刘总的经历，我心里既有佩服，又受到了激励。那一刻，我在心里立下了一个宏愿：要像刘总那样去努力，要做成像刘总那样大的事业。

那次从汉正街回去以后，我就向亲戚朋友四处借钱，扩大了服装店的门面。装修好门面以后，我雄心勃勃地又来到汉正街进货。这次我不光在帅尔时装有限公司进了一批货，还在汉正街的大夹街进了货，货物总值有几万元。我叫了两个"绳子"（汉正街对替人背货的民工的称呼）帮我背货去火车站。没想到，还没出汉正街，两个"绳子"三拐两拐就不见了踪影，把我的货拐跑了。虽然我马上报了案，但汉正街那时对"绳子""扁担"（指替人挑货的民工）尚未进行注册管理，人海茫茫，破案的希望近乎渺茫。刘总知道了我的情况后问我打算怎么办。我说回去后亲戚朋友肯定会追着我要钱，我也再没钱进货，服装店开不下去了，我只有去广东打工还债。刘总说，我看你为人挺本分，又肯吃苦耐劳，也有做服装的经验，如你愿意就到我手下来干吧。

就这样，我开始了打工生涯。因怀着一种报恩的心态，所以我的工作格外努力。刘总对我也颇为器重，没过多久便任命我为营销部主任。次年便提拔我为经理，后来则任命我做了总经理助理。我的工资也直线上升，不久便还清了欠债，还有了一笔存款。这个时候我的野心又蠢蠢欲动，开始想寻找机会自立门户。1995年冬天，这个机遇终于出现了。

那年冬天，帅尔公司设计的一款风棉褛走俏武汉三镇，并迅速在周边数省流行。汉正街的服装厂家喜欢追风，只要哪一款服装走俏，一夜之间汉正街的大大小小服装档口便全是那种款式了。这次帅尔公司接受了以往的教训，对服装面料的进货渠道和服装裁版资料严格保密，使那些想假冒的厂家无法得逞。虽然仍有一些服装厂家竞相仿冒，但做出来的产品却"四不像"。吴生就是在这个时候找到我的。

吴生是汉正街一家小服装厂的老板，以前虽和我有过交往，但不是很熟。那天吴生说有事想请我帮忙，把我请到汉口的一家酒店。几杯酒下肚，我讨好地说，吴老板有什么事你就只管说，兄弟我只要办得到的。吴生故作亲密地说，兄弟，不是拐子（武汉人对大哥的称呼）说你，你在帅尔虽然混得不错，但终究是个打工的，俗话说'宁做鸡头，不做凤尾'。拐子我有一条发财之道，就不知兄弟你有没有胆量。我的心"咯噔"一下子，立刻就隐隐感觉到了吴生话里所指。果然，吴生说只要我能弄得到有关风棉褛面料进货渠道和裁版的商业秘密，他就可以组织生产，并负责销售。所得利润二一添做五。吴生又掰着指头说，按一天生产二百件，每件获利五十元计算，一天就能赚一万块，只要一个冬天我们两个人就发大财了。我的脑海里即刻幻化出数不清的百元大钞，我犹豫了一下，但还是

规则
改变环境也改变人心

摇摇头说，这事我不能做，刘总待我不薄，这样做——我的话还没说完，吴生就打断我说，兄弟你如果这样想就只有打一辈子工了。刘总待你不薄不假，可你这些年为他创造了多少财富，他又给了你多少？说白了他刘帅还不是在你身上做了不多的感情投资，利用你为他赚钱？他这样做比那些明里敲诈你血汗的人高明多了。我一时无语，本来很清醒的头脑一时间很乱。同样一个问题，转换了角度，就会得出不同的结论。从前我总是想着刘总对我的知遇之恩，想着刘总的种种好处，现在我脑子里想的则都是自己绞尽脑汁为公司所做的那些贡献，想的是公司因为我而获得了多少利润。这么多年来我心中梦寐以求的机遇就在眼前，可是我能迈出这一步吗？我脑海里的神与鬼正在打架，吴生又说，这事你尽管放心，一点不用你出面，你还在帅尔打你的工。这事你我不说，神不知鬼不觉。你好好考虑一下，机不可失，失不再来。

后来我终于迈出了这一步，并从吴生那里分得了十多万元的提成。公司机密泄露，刘总并没有怀疑到我，但我的良心发现，总是觉得对不起刘总。第二年我就辞了职，刘总多方挽留，但我去意已决。后来我便在汉正街租了门面，自立门户当起了老板，开业那天，刘总还送来了花篮。

吴生后来因为和我竞争一桩订单未成，把我当初出卖刘总的事抖了出来，一时间我被汉正街的生意人千夫所指。刘总并没有找我算账，但也不再和我来往了。但这时我的生意正火，服装不仅在汉正街销售，还打入了武汉商场，中南商场等武汉三镇的大型商场，身边自然总是围着不知真假的朋友。我没有因背信弃义而尝到孤独的滋味，所以别人在背后说我些什么，我觉得无所谓。当我觉得我这老板来得不光彩时，便自我安慰地说：无奸不商，无商不奸。

1997年，一个叫索罗斯的被称为"金融杀手"的美国人以一人之力搅得东南亚鸡犬不宁。那段日子，报纸、电视每天都有关于东南亚金融危机的报道，看到听到东南亚各国首脑们整天为此事忙得焦头烂额，我对索罗斯充满了佩服，认为只有具备"厚、黑、狠、奸、狡"的人才有可能成为强者，得到自己想得到的东西。但我佩服的索罗斯也将我害得不浅，受东南亚金融风暴的影响，武汉的服装企业普遍不景气。为了争夺有限的市场，各个厂家纷纷降价，一些老牌的、资金雄厚的企业尚能勉强支撑，小厂家则纷纷组成联合体，来与大厂家抗衡。我也着急地寻求合作伙伴，但此时我才深刻地体会到，好名声也是一种财富，而且是无可替代的财富。由于我在同行间的名声不好，没有一个厂家愿与我联合，我只有苦苦支撑。那段时间我骑虎难下，生产出来的产品没有人要；可如果停产，一个月几万元的房租从哪儿来？那时我的困境在同行中是最大的，我的厂子起步晚，家底薄，哪里经得起这样的折腾。厂子一个月几万元的亏损，几个月下来我便资不抵债了。

一次我去一个生意上的朋友家借钱，刚要踏进他家的门，猛然听见朋友正在与另一个老板谈论我，我便在门外偷听。朋友说，他呀，活该！刘老板待他多好，他竟能做出那样的事来。现在他有难了谁还敢帮他，谁吃饱了撑的没事养一只虎。他多次向我借钱，我都推说没有，我才不会借他呢。另一个老板接着说，当时刘老板真是大量，搁我非废了他不可。听说刘老板还在打听他的事，说只要他上门认个错，还愿意帮他……听到刘老板还愿意帮我的话，我的脸红得像涂了血一样。我悄悄走了，此后再也没有和任何人借过钱。那段日子我的大脑格外混乱，分辨不清"厚、黑、狠、奸、狡"与"真、诚、善、信、义"哪一个才是处世真经，我无比困惑。

由于发不出工人的工资，工人告到了劳动局，工商、税务也相继找上门来，我苦心经营的工厂就这样倒闭了。1998年春节，我没有回家与家人团聚。除夕那天天还没亮，我便披上一件大衣来到武汉的大街上，任由冰冷的风像刀子一样地刮着我的脸，我就这样漫无边际地走着，转着。也不知走了多远，也不知走了多久，直到武汉的大街小巷已是灯火璀璨。蓦地，我猛一抬头，那块写着"中国武汉帅尔时装有限公司"的霓虹灯招牌映入我的眼帘，它在夜色的映衬下显得格外耀眼。我就这样呆呆地看着那七彩变幻的霓虹灯，在帅尔的往事翻涌而来，冰凉的泪水不知不觉爬满了我的脸……

后记： 1999年，我终于在南方开始了我的事业，这一次，我凭借的完全是自己的汗水和才智，而不再是那种见不得人的伎俩，确切地说我没敢那样做。一天，在与一个合作伙伴签下一份令双方满意的合同后，我心情愉快地回到住所。无意中打开电视机，我又看到了那个索罗斯，不过这次他栽了，这次他偷袭俄罗斯金融市场，遭到了俄罗斯政府的顽强阻击，灰溜溜地败下阵来。看着电视，不知为什么我想起了金庸的武侠小说，觉得索罗斯这种类型的商界人物好比那些邪派高手，他们靠吸人血等手段使功力一夜之间强大无比，甚至能轻易将那些潜心苦练多年的正宗流派的武林高手击败。但因为他们的根基不牢，最终还是会败给正宗流派的高手。邪只能得逞于一时，邪永远胜不了正。关上电视，我又把索罗斯和李嘉诚放在一起做了一番比较，我明白了索罗斯之所以失败是因为他与所有人为敌，一个人即使再有智慧，再有实力，但你如果与所有人为敌，最终接受的只能是失败的命运；而李嘉诚之所以成功就是他采取的是一种与人为善的态度，与所有人合作的态度，他的成功也就是必然的了。

我的心情豁然开朗。我不再懊悔当初在汉正街，自己的手腕耍得不够高明，也不再困惑是否该坚持"诚、信"。我想明白了当初在汉正街失败的原因实在是因为自己做人的失败。

（王世孝）

要给人以"台阶"

在人际接触、交往中，常常会碰到"尴尬"，怎么解决呢？实践告诉我们，最佳方法是给尴尬者一个"台阶"下。

举个例子吧。一次，李素丽检查下车乘客的车票，一个小伙子掏遍全身衣袋就是拿不出票来。李素丽看出小伙子没买票，就说："你可能一时着急找不到票了，要不，你今天再买一张，下车后，你要是找到了，下次坐我的车就不用买票了。"小伙子不好意思了，拿出两元钱说："大姐，刚才我没买票，你说怎么罚就怎么罚吧！""按我们的规定，下车逃票才罚款，您及时补票就行了。下次上车要主动买票。这样就不耽误您的时间了。"李素丽就这样让小伙子顺利地下了"台阶"，及时改了错。

倘若这件事换成另一种方法处理：或"揭露"老底儿，令小伙子更加尴尬；或奚落挖苦，令小伙子狼狈不堪；或严加痛斥，令小伙子撕下脸皮，暴跳如雷，不顾一切地同李素丽干一仗，弄得双方都下不了台。行吗？当然是不行的。

其实，给人"台阶"下，既是一种思想境界，又是一种交往艺术。有些人，特别是一些年轻人，常因一时冲动、糊涂、疏忽，一下子说错了话，做错了事，也是难免的，说错做错了，自己很后悔，也很尴尬，特别是在众目睽睽之下更是如此。给尴尬者一个"台阶"下，这种大度、宽容和谅解，不仅显示了自身的素质和修养，而且是对尴尬者人格的尊重。这样做，对方惭愧，感激，深受教育，口服心服，也就自觉顺着"台阶"改错了。看来，使尴尬者不再尴尬，消除摩擦，"化干戈为玉帛"，就能达到理想的效果。

给人"台阶"下，其实也是一种"人和"。人际交往"和为贵"。"和气致祥，乖气致戾"。在人与人之间、上下级之间、同事之间、服务者与被服务者之间，如果能增加一些"台阶"，生活中就多了一些温馨，多了一些和谐，多了一些快乐，多了一些理解，多了一些尊重，就会避免内耗，戾气，让一切事物趋向圆满。显然，正像李素丽所说，给尴尬者下了一个"台阶"，自己的工作水平、思想境界、人格形象也就上了一个"台阶"。

(顾用信)

> 规则
> 改变环境也改变人心

找准你在生活中的最佳位置

师大毕业，我被分到一所中专学校任教。

坦率地说，我还是很喜欢教师这个职业的。虽说在大学期间我一直在舞文弄墨，在梦想着有朝一日能成为作家，并时有作品见诸报端，不少同学都说我应该去宣传部门工作，但我没有在这方面费心思，一是我抱定了"天生我材必有用"的信念，更主要的是对自己将来要从事的教育工作，还是比较喜欢的，相信自己还是能当一名好老师的。

其实，还在大学里，我便给自己的未来做了这样的安排：一边为人师，传道授业解惑，一边搞自己喜爱的文学创作。

然而，毕业不久，我心中早已构思好的生活模式，很快地便被自己的浮躁打碎了，由此我付出了一笔不小的生命开支。

那是参加工作不久，市电台要招聘一批记者。几位校友纷纷打电话要我去试一试，并说只要带上我发表的那些作品，没说的，肯定能被录取。听了不少这样热情的怂恿，我便心动了，前去一试，果真被录取了。

规则
改变环境也改变人心

可是，不久，我就发觉记者这一令人羡慕的工作，对我来说并不合适。别的不用说，单是每日的东奔西跑，频繁的各种各样的场面上的应酬，就搞得生性好静不好动的我焦头烂额。后来，跟台里的领导商量，让我做了一段时间的编辑，依然少不了跟方方面面的人接触，而不善交际的我，对这些别人看来似乎十分轻松的事情，做得却很吃力，自然谈不上工作有什么起色了。试用期尚未结束，我已在考虑走的问题了。

那天，碰到大学的校友阿丰，跟他谈起心中的烦恼，阿丰颇为热情地介绍我去他的公司当秘书。他说凭我的文笔，到他所在的那家大公司肯定能干得不错。似乎没有别的可供选择的了，两个月后，我去了阿丰供职的一家集科、工、贸于一体的大公司任职。在众人羡慕的目光中，我走进了与总经理一壁之隔的秘书办公室，开始翻开一页崭新的生活。

然而，这一次，我又走错了门。秘书这活儿，自己还真干不好。当然，就凭我的文学功底，弄好那些文字材料是很轻松的，问题是做秘书可不只是搞搞文字材料啊。在电台已令我烦透的各种应酬，在公司里一点也没有减少，似乎还多了许多。更要命的是，作为秘书，我必须要协调各部门、各方面的关系，不少事情，拿不准该请示还是自行处理更好，常常是左也不是右也不是，再不就是出了力却落了个"领导不满意、下属直埋怨"的结果。

最让我不能忍受的是，我还要充当总经理的勤务员，他的公子上学、放学的接送，他家的柴米油盐，甚至他们夫妻之间闹矛盾等等各种杂七杂八的事，都要小心应对，一天天地搞得我手忙脚乱，精疲力竭。虽说自己手中有权，收入也不低，可我一点儿也不开心，全然没有摆弄那些清贫的文字时的愉快感。跟朋友提起，他们则说我是身在福中不知福，他们想谋这么个位置还谋不到呢。我相信他们说的是心里话，可我真的是不喜欢这份工作。

终于，在一个阳光灿烂的中午，在许多人惋惜或猜测的目光中，我谢绝了总经理真诚的挽留，毅然地走出了那间宽敞、明亮的办公室。就像当初离开电台一样，我竟没有一点留恋。

哪一方天地才能让我驿动的心不再漂泊，站在车水马龙的大街上，我禁不住内心一阵怆然。

在市图书馆里，我翻遍了大大小小的报刊上所有的招聘广告，蓦然发觉，令我怦然心动的竟然还是学校。那方纯净的天地，依然对我有着不小的诱惑。可我为了照顾自己那可怜的"面子"，没有马上选择一所学校，我不想让人说自己除了教学别无所长。

后来，我跟着别人搞图书批发，开始赚了些钱，还攒了不少书，但已很难平静地坐下来，认真地读上几本书了，更不要说写点儿像样的文章了。

要不是那次被人骗了，不知不觉间进了些非法出版物，我可能还要再做一段时间的图书批发商。出了事后，我断然地结束了这一只能算是维持生计的职业。

规则
改变环境也改变人心

像一首歌中唱的那样,终点又回到了起点,我重新返回校园。

数年在外奔波,再登讲台,我欣然中又平添了一份珍视之情。每一节课,对我都是那样的有吸引力,我的热情、我的才识、我的机智幽默、我的自由洒脱,全都在课堂上得到了淋漓尽致的发挥。久违的恣意放纵,让我由衷地感到那样地痛快,教学才是我最佳的工作。

想不到,离开校园几年了,我的课居然还那么受学生的欢迎,领导对我的表现也颇为满意。

更让我欣喜的是,讲课之余,我又可以有闲暇坐下来写点自己喜欢的文字。在外面折腾了好几年,除了写了点儿所谓的报告文学(其实只是变相的广告),真正称得上作品的几乎一点儿都没写。重返校园一年多,竟有几十篇文学作品陆陆续续在各级刊物上发表,大学同窗纷纷来信,问我前几年为何销声匿迹,是否为着今日的厚积薄发?他们哪里知道,我曾一度走失了自己。

读着远方那一封封充满关切的来信,我更意识到,自己曾东奔西走四处寻觅的,其实不过是别人渴望的位置,它们并不适合我。我只是在无端的盲动中,走失了自己。我最佳的选择是当一名好老师,再做一个潇洒的自由撰稿人。

如今,我已是学校里的骨干教师,兴致勃勃地教书育人之余,不辍笔耕,收获颇丰,现已是省作家协会会员。

每当看到不少年轻人在浮躁地不断地"跳槽",不断地变换着工作时，便不由得想到刚毕业时的那段经历，真想大声地提醒他们一句：可一定要想好了，要看准了，哪个位置是最适合你的，一定要记住，对于我们每个人来说，生命中只有一个最佳的位置，在你的前方等你。

（崔修建）

培养孩子的健全人格

在优越的环境里，城市少年儿童面临着潜伏的成长危机，这是一个不争的事实。与其说这种危机来自环境的优越，还不如说来自父母的教育不当。

用成人的幸福观去规划孩子的生活，可能使孩子更远离幸福，使他们养成不健全的人格。

中国人特别爱孩子，总希望孩子将来成龙。在家长看来，成龙意味着幸福，为了几十年后的幸福，牺牲孩子眼前的幸福是无所谓的。幸福是什么？在孩子成长过程中，对幸福的体验越少，将来对幸福的渴求越淡。成功是什么？总在接受成人的思维，将来他能理解成功吗？其实望子成龙先要教子成人，要教他们学会与人相处，懂得做人的道理，养成优良的品格。

钱真能买到太阳吗？——莫让金钱腐蚀孩子的幼小心灵

不少城市少年从走出家门时起，就不是充当小学生的角色，而是充当高级消费者。父母是他们的银行，可作为他们无穷无尽的经济采源。

他们大部分消费花在对身体并无多大益处的零食上、对学习并无多大帮助的游戏上，甚至还有学生用钱请同学帮自己做作业。他们幼小的心灵已经被铜锈侵蚀，但他们却毫无知觉。

大连某幼儿园，曾经发生过这样的怪事。某日中午，阿姨照例为每个孩子打上饭菜。忽然有个小男孩伸出手指，在小桌面上点几下，拿出一元钱，说是给阿姨小费，一副"老板""大款"的气派。原来他父亲是一位公司经理，经常带他到酒楼吃饭。

家境富裕是好事，但因家境富裕而让孩子养成一些坏习惯，实在不是一件好事。任何事情都有利有弊，在孩子的理解水平不是很高时，大人的一些行为会给孩子带来负面影响，给他的成长带来障碍。

给阿姨小费的小孩对钱的理解是不正确的，他不懂得挣钱并不是对每个人来说都很容易。他父亲是经理，有钱，谁能保证他以后也是经理。如果日后没有钱，他会积极地去挣钱吗？他会平静地面对有钱与没钱的反差吗？

纵容孩子对钱的畸形的理解，不是好事情。广州某幼儿园有个四岁小男孩，逞强欺负一个小女孩，阿姨对他进行处罚，不让他晒太阳，小男孩竟然不屑地说："不让我晒太阳，我就不晒，有什么稀罕的，我爸爸有的是钱，明天我要他给我买个太阳，我一个人晒。"

在这个小孩的意识里，钱已得到巨大的夸张，钱成了世界的主宰。老师在这个班上提一个问题：金钱与友情，你愿意选择哪一样？有个小孩大喊"我要金钱"，幼稚的声音非常可怕。没有友爱的世界是何等苍凉，自然现在的他们是没法体谅的，父母能解决他们一切的困难。由此可见，金钱对孩子的心灵的影响是多么可怕。我们做父母的就应及早醒悟：让孩子大手大脚花钱，并不是对他们的爱，而是在害他们，是在塑造一种"有钱就有一切"的畸形的价值观。事实上，做一个"吝啬"的父母并不可耻，让孩子崇尚劳动与创造，让孩子懂得珍视他人和自己的劳动创造的成果与财富，是对孩子负责，也是对我们这个民族的未来负责。

明天如何能设想——不要给孩子增添心理负担

城市年轻的父母总是望子成龙，他们都不约而同地忘记了，自己曾为少年时，不喜欢父母逼迫。星移斗转，他们为人父母，却开始逼迫孩子，且过分重视孩子的某种专项技能，忽视儿童的正常学习心理。

有位家长希望孩子学钢琴，便给小孩买回钢琴，每周请老师上四次课，付出报酬两百多元，诸如此类的投资可谓不厌其烦，但这都是一厢情愿，效果并不理想，还会给孩子心理上增添负担。

父母对孩子的极端宠爱，实际上是变态的爱、极其短视的爱。有些父母生怕自己的孩子受点劳苦。某校规定，学生轮流值日打扫教室，竟然有位家长，等儿子下课后，主动代儿子打扫卫生，老师多次制止都无用。

这个怪圈，实在令人担心，今天我们忽视体魄锻炼，借病假逃避体育运动，说不定有那么一天，小孩长大后体质下降，真要开病假条待在家里。

其实家长的人格比语言对小孩的影响更为深远。家长怎样对人对事，要求小孩参与什么，不参与什么，家长的许多活动会潜移默化地影响小孩的身心，尽管小孩暂时还说不出所以然。

老鼠的儿子会打洞——莫忘身教重于言教

现在有许多家长，对孩子要求极严，期望很高，而自己却松松垮垮，放任自流，缺乏上进心，在这样的家庭环境下，让孩子成龙，只能是一厢情愿的空想。

某小学生原在班上成绩属中上，其家长是特级麻将迷，他们家里是不挂牌的"麻将馆"，常年牌局不断。在这种环境下，小孩最初晚上还想看书，但由于打牌声的干扰，他几乎没心思看书，有时想早点休息，却常从梦中惊醒。寒窗苦读毕竟没有打麻将乐趣大，他开始在旁边观战，观摩麻将技法，后来逢到正好三缺一，他便成为替补队员。

等到他成绩直泻千里时，父母强迫他念书，可这时的强迫又有什么意义呢？作为能用理智控制自己的成年人，家长都不能中断麻将活动，何况一个自制力很差的孩子呢？"只许州官放火，不许百姓点灯"，这是多么滑稽的教育意识。

永远的人格教育——品质胜于一切

某大学音乐系王教授，听说有个5岁的男孩钢琴弹得很好，就专程去探访，有心收为弟子。王教授一进门，孩子的父母忙不迭地让座倒茶，不料孩子却冷冷地发问："你是什么人，来我家做什么？"

王教授和颜悦色地回答："我是王爷爷，来听听你弹钢琴。"

小家伙脖子一歪说："我为什么要给你弹琴？你瞧你那老样儿！"

几句话呛得王教授满脸通红，嘴唇哆嗦，扭头就走。孩子父母极为尴尬，追到门口，再三道歉："请您老息怒，这孩子娇惯得没个样子，您老别生气。"

王教授情绪稍微平静些说："小孩子学艺要先学礼貌，不懂礼貌，不会做人，是无法走进艺术殿堂的。"男孩的话语冒着冰冷的寒气，如果是从父母身上感染的，那将很是可怕。父母人格本身有欠缺，他怎能教育好孩子呢？其实人格的完善是个漫长的过程，注重人格的自我完善，方能有效地把握孩子的全方位发展。

有这样一段对话，父亲问儿子："让你拿苹果，你要哪一个，是大的还是小的？"

"我要大的。"

"你应该懂礼貌，要小的那个。"

孩子的话语没有半点虚假，在人格教育里，真心待人是必要的，但真心里更要有善，懂得谦让。如果孩子从内心深处要谦让别人，那他说选择小的那个，还会是撒谎吗？

（蔡泽平）

战胜人生的自我杀手——侥幸心理

侥幸心理，对生活中的人们而言，也许每个人都曾有过，如：闯红灯穿过车辆疾驶的马路侥幸未出事；做了一件不道德的事侥幸未被人发现；违规违章一次而侥幸未造成后果等。这些侥幸心理如不及时矫治，一旦形成心理定式，必将诱使怀有侥幸心理的人一步步走向失控。小则导致人们思想道德观念上的松懈，大则导致人们彻底放松自己，走向违法犯罪的深渊。

侥幸心理，就是企图偶然获得成功或意外避免不幸的思想认识。存在侥幸心理的人，一是明知自己的言行是错的，是违规违章或违法犯罪的，却过于自信地选择错误，自以为自己所做天衣无缝，不会出事；二是对所做之事的偶然性和必然性之间的内在联系认识模糊，缺乏"不怕一万，就怕万一"的思想认识。纵观生活中的贪图一时之快违规违章超车，酿成交通事故；为贪求非分之利，伸手被捉；为一时方便，随地吐痰而被罚款；直至作奸犯科、杀人焚尸、订立攻守同盟的偷抢、贪污受贿等。这无一不是从侥幸心理到侥幸之为的结果。侥幸心理像毒品一样时刻诱惑着那些思想脆弱者。

有侥幸心理的人，往往都有以下心态：他们做了不出事，我做了难道就会出事；我偶然做一次，保证不会出事；以前做都没事，这次肯定也不会出事等。这些都是侥幸心理的具体表现。

抱有侥幸心理的人，一旦付诸侥幸之为并获得心理上的满足，就会像吸毒者一样很难自拔。甚至更加重心理的失衡，其欲望也随之膨胀。由此产生从量到质的变化。直至将自己送上经济、行政、刑事处罚、伤残、违法犯罪、死亡的"自我刑场"。侥幸心理发展到犯罪，就会与隐蔽手段相结合，此时的侥幸者为更大限度地满足自己，便会将人性、良知、亲情、法律抛掉，铤而走险，孤注一掷。受害的不仅是侥幸者一人，它会给许多无辜者带去深重的灾难。然而，在加强法制建设、刑侦技术与破案能力飞速发展的今天，侥幸者必将落得个咎由自取的结局。

从侥幸心理发展到侥幸之为，其主要原因在于其内心贪时贪利贪欲。侥幸心理者小为贪图一时省力省时省事，大到为一饱私欲而为。古人有所谓"算计失便宜，损人终有失"的忠告。故（《遵生八笺》）劝导人们："劝君莫有半点私，若有半点私，终无人不知；劝君莫用半点术，若用半点术，终无人不识。"一味追求一时小小利益用捷径去获取，必当戒之。矫治侥幸心理必须做到"一念之非即遏之，一动之妄要攻之，一毫念虑非妄；便当克去（《遵生八笺》）。"人在不同的环境及条件下都不可为一时小小利益产生侥幸心理。同时，矫治侥幸心理还需在日常生活中做艰苦的努力，树立正确的人生观、法制观、道德观。

　　只要人们在日常生活中用坚强、理智的思想去抵制私欲，让侥幸心理从无得逞之机，就一定能战胜这人生的自我"杀手"，从而实现自己的人生价值与人生目标。

（庞尊登）

勿以善小而不为

有这样一个故事：一位秀才进京考试，途中看见一只蚂蚁正在水里挣扎，便把它救上岸来。后来，他在考场里因为一时疏忽，有个字少写了一个点。考官在判卷子时，见他写的字一个个如珠如玉，很是喜欢。但是有一个字却有一点特别：那个点是立体的，仔细一瞧，原来是一只蚂蚁。老先生用笔端把它拨开，但它马上又爬回原来的位置，成为一个"点"，一连三次都是如此，这使老先生很惊讶，遂向这个考生问清了事情的经过。老先生想，他如此同情弱小遭难的蚂蚁，日后为官，定会体恤百姓，把事情办好。于是，秀才中了状元。这篇近似于神话的故事，说明了一个深刻的道理，就是"积善可以成德"。伦理学认为，积善成德是美德形成的一个客观规律，也是加强道德修养的一个重要途径。但要切实做到"积善成德"并非一日之功，而其很重要的一点，就是要从大处着眼，小处着手，见善必行。"善"积累到一定的量，就会发生质的改变，在道德品质上来一个飞跃，成为一个品德完善、道德高尚的人。古人在这方面有许多精辟的论述。荀子说："不积跬步，无以至千里；不积细流，无以成江河。故跬步而不休,跛鳖千里,累土而不辍,丘山崇成。"三国时的刘备说:"勿以善小而不为,勿以恶小而为之。"《易·系辞下》中说:"善不积不足以成名,恶不积不足以灭身。"这些都说明,人的思想变化有渐进性,道德品质的形成有其规律性,善恶不论大小,均不可轻视。积小善可以成大善,积小恶也可以酿大祸。从助人为乐、见义勇为以至于舍己救人、为国捐躯,是许许多多英雄人物走过的道路;而从自私自利到骄横放纵,以至于无法无天,触犯刑律,则是一些人蜕化变质、失足落马之途。伟大的共产主义战士雷锋,一生干的都是平平凡凡的工作,然而他在每一件默默无闻的细小事情上,都处处为集体着想,为他人着想,一点一滴地培养共产主义的道德情操,终于成为全国人民学习的道德榜样。党的好干部、地委书记的榜样孔繁森,舍弃优裕的生活环境,在条件艰苦的西藏努力实践党的宗旨,把做有意义的好事当成对生活的享受,他身背药箱为牧民看病,捐献热血救助儿童,成为新时期党员干部学习的道德楷模。深圳普通的妇女干部陈观玉,把"永远为人民做好事"当作工作和生活的座右铭,几十年如一日,默默地无私奉献,弘扬着真善美,赢得了人民的爱戴。还有北京市公交总公司21路售票员、共产党员李素丽,把全心全意为人民服务作为自己人生的最高追求和职业道德准则,在平凡的岗位上创造了不平凡的业绩,被广大群众誉为"盲人的拐杖""外地人的向导""病人的护士""老人儿童的亲人"。

这些活生生的事例雄辩地告诉我们，积善成德，不仅仅是一个理论的问题，而且是一个重要的实践问题。坐而论道，莫如付诸行动。当前，党中央在大力强调加强精神文明建设和思想道德建设，要求党员干部要在全社会发挥表率作用，党的领导干部要在全党发挥表率作用。因此，我们的党员干部应该像雷锋、孔繁森、陈观玉、李素丽等英雄模范人物那样，坚定共产主义信念，身体力行共产主义道德，修身为本，见善必行，从平凡细小而有意义的事情做起，全心全意为人民服务，做到积善成德，蔚成风尚，以优良的党风、政风带动民风和整个社会风气的真正好转，促进全民族精神文明水平的提高和思想道德素质的完善。

（李援朝）

规则 改变环境也改变人心

幸福家庭的六个特征

随着人类社会在各个方面发生愈来愈深刻的变化，以婚姻和血缘关系为基础的社会最小组织形式——家庭，其职能、结构、行为标准、道德观念也在发生着急剧的变化。但千变万变，家庭幸福的含义不会变。一个幸福的家庭永远是：言论自由的讲坛，演绎人生的舞台，倾注真情的场所，精神不竭的源泉，享受天伦之乐的温床。

一、家庭气氛轻松愉快

有位丈夫和同事多喝了几杯，直到深夜才回。妻子就给他开了张"秘方"留在桌上："夫君大人，今夜你一定很可爱，恕不亲睹。茶在桌上，冰箱里有冰镇西瓜，可以解酒。上次吐脏的单子，已洗好铺在你床上了，明早我会继续洗，不用谢了！"丈夫细细地想着，拿出冰镇西瓜吃了，果真解酒。从此他不再贪杯，妻子那副"秘方"让他刻骨铭心啊！我们能不能像这位妻子一样制造轻松愉快的家庭气氛呢？完全能！我们可以充分利用饭桌上的时光与孩子们共享天伦之乐，而不是匆匆忙忙地吃完了事。我们可以抽出时间与孩子们一同玩耍。我们还可以让孩子表演幽默小品，讲笑话，或者允许他们搞恶作剧让我们上当。这些欢快的家庭气氛加深了我们之间的爱，使我们紧紧地维系在一起，而且为我们同心协力干事敞开了大门。

二、家庭教育双向交流

家长制下的教育是居高临下，体现其权威和专断。当一个13岁孩子渴望参加某次周末晚会，专制型父母可能这样说："不，你还太小，不要多说了，此事没有商量余地。"无疑在专制型父母约束子女行为规范的同时，也扼杀了其创造欲和进取精神。据调查发现，孩子们喜欢的是威信型父母，因为他们给予子女商量余地，也限制了条件，既宽容又不失原则。比如，对于上面那位渴望参加周末晚会的孩子，威信型父母会从孩子的观点考虑问题，然后作出决定："你清楚我们的周末规则，如果你能在10点之前回家，你是可以参加聚会的。"今天全社会对民主、自由真理的呼唤已经涉及家庭内，这更为家庭教育的双向交流提供了春天般的环境，上一辈在传授传统精华的同时，也虚心学习下一辈的处世观；下一辈在大胆叛逆、天马行空之余，也尊重上一辈的阅历，使经验与知识有机地和谐统一，以推动家庭教育跟上时代的发展步伐。

三、家庭成员彼此分忧

有的父母遇到像疾病、经济拮据及死亡等不幸的现实，会瞒住子女。可是心理治疗专家指出，如果子女到了懂事年龄而没人告诉他家里忧虑的事，他们往往感觉被人摒弃。事实确是如此。让孩子在爱和关心的气氛中体验死亡的现实，是很重要的一件事。一个孩子，如果有兄弟姐妹，或者父母及祖父母病重，你让他知道，让他去跑腿办点事或是接接电话，可以使他觉得自己能够帮忙出力。即使一个小孩子，如能短暂而愉快地去探望生病的亲人，也能使病人得到安慰。至于在金钱事务方面，如有财务困难而不将实情告诉子女的话，他们会朝坏的方面去想，可能会想到没有饭吃或没有地方住，而实际上可能只是要放弃一些奢侈而已。

四、家庭摩擦及时处理

你们可能为买不买一盏灯那样的小事争论起来。不一会儿，你的配偶便会指责你总是优柔寡断，你却反驳说他挥金如土不可救药。你大步走出房间，于是争论遽然中止，两人都生气，觉得对方不能谅解自己，而且不明白：为什么一次又一次地为同样事情争吵？很显然，他们陷入恶性循环的争吵中，是因为摩擦没有得到及时处理啊。最简单的办法是通过体谅、尊敬和共同的感情及时缓解摩擦。也可以采取交替位置或奖赏的方式，缓解这个冲突。例如：如果你承担家务事，我就负责家庭的"外交工作"；或者，你修理好漏水的龙头，我就做你最喜欢的饭菜，等等。还有些双方不同意的事，当然不是商讨和妥协便可轻易解决的。一旦发现两人僵持不下，可以列出一连串对策，即使看来十分牵强，也不妨列出。按各人的感受评估每个办法的效果，直到找到两人都同意的办法。记着：每解决一个问题，你们的关系便更加巩固，因为你们学会了解决矛盾的艺术。

五、家庭消费量入为出

当今社会，商品名目繁多、五彩缤纷，犹如一种挡不住的诱惑，引导着人们去超前消费。某些人盲目地追求强有力够刺激合乎时尚的消费，穿要高档，用要名牌，吃要精美，住要豪华。他们可能记不住自己到底花了多少钱，周一包内还有一两千块，到了周五便不见了，而且竟不知是怎么花掉的！这些消费狂们自然要经常处于入不敷出状态。请问他们那种寒碜的潇洒又能维持多久呢？因为家庭和企业毕竟不一样：企业有时候需要负债经营来创造利润，而家庭举债度日会吓跑欢乐的。因此，幸福的家庭里的当家人应深知理财的重要性，应该在"量入为出"的原则下制订财务计划，努力赚钱，适当消费，并且进行投资。

六、家庭活动经常开展

在接触频繁的家庭生活中，很容易把家人的存在视为当然，而淡然置之。这样做就会使枯燥感蔓延并危及家人之间的关系。对此，可以经常开展一些家庭活动，以增添生活情趣。久居都市的家庭，不妨常作几次郊游，或者在节假日计划一次远足踏青。一次出游带来的新鲜感和愉快情绪，常可使全家长时间地陶醉其中。如果这一天过得愉快美满的话，则不但会使往日生活中的烦恼得到抚慰和排解，而且可以增添美好未来的憧憬。

家庭生活与吃醉泥螺相似：会吃的人吃到的是鲜美无比的泥螺肉，而不会吃的人则会同时吃到满嘴泥沙。而幸福的家庭显然是前者。

（杨玉峰）

悲乐由己

忧愁与快乐，有如一对形影不离的孪生兄弟，随时随地会伴随着我们。就像趋利避害一样，人们总是喜欢和追逐欢乐，讨厌和躲避忧愁。殊不知，没有忧愁，哪会有快乐？不经过忧愁，飘然而至的快乐又有什么分量呢！更何况，是悲还是喜，是忧还是乐，既取决于际遇，更取决于人的生活态度、处世方式。正如西方古代诗人所说："人是自身幸福和快乐的设计师。"

同样的处境、同样的遭遇，悲观者苦不堪言，乐观者则自得其乐。有当官者贬了官，发配远方，离乡背井，有的悲愁抑郁，怨天尤人，北宋的巴陵太守滕子京就是如此，范仲淹有名的《岳阳楼记》即是为劝慰他而作，也有人命运坎坷，屡受冤屈与贬逐，却能泰然处之，自我解脱，从困厄中发掘出生活的无穷乐趣，北宋另一大臣、著名文学艺术家苏东坡就是这样的。

这正说明：悲乐可由己调解。明代《菜根谭》中有几句话，确实道出了人生苦与乐的辩证法：迷此乐境成苦海，如水凝为冰；悟则苦海为乐境，犹冰换作水。可见苦乐无二境，迷悟非两心，只在一转念间耳。外国作家则用迥然不同的比喻表达了同样的思想：生活像一面镜子，你对它哭，它就哭；你对它笑，它也笑。我们很赞成这样的说法：一把葡萄干儿，两个人吃法不同，感觉大不一样。乐观者每次挑最好的一粒吃，直到最后，他总是吃的最好的；悲观者总是把好的留在后面，每次挑最坏的一粒吃，吃完了，他都是吃的最坏的。

乐观者和悲观者有什么不同？音乐教师还举出了这样一个异曲同工的例证：

几年前，电视转播音乐大师梅达的音乐会。梅达出场前脖子上被人挂上了一个花环。当他上台起劲地指挥乐队时，花瓣纷纷落到脚下。

"等他指挥完，"一位女士议论说，"他会站在一堆可爱的花瓣之中。"

"到完的时候，"有位男士有点忧伤地说，"他颈上恐怕只会挂着一道绳索了。"

两种吃葡萄的方法，观察同一事情的两种视角，恐怕很难断然分个谁是谁非，彼此对错；但作为一种人生态度，一种处世哲学，哪一种更可取则是不言自明的。

发明大王爱迪生为了寻找适合做灯丝的材料，试验了1200次都没有成功。有人说他失败了1200次，爱迪生则说："不，我发现了1200种材料不宜做灯丝。"说爱迪生失败了，固然不算错；但爱迪生自己的说法难道没有道理吗？生活中有许多事情就是这样，换一个角度看，换一种方式思维，人的感受不同，结论也大不一样。悲与喜、忧与乐如此，其他事也是这个理儿。

我们讲"悲乐由己"，还有一重意思，就是要有一颗"平常心"，正确估价自己，超越烦恼。记不清什么时候读过一段谈"快乐"的文字，很有意味。大意是：对于大多数人来说，人生绝少美妙之事，不如意者十之八九。如果你认为高官、厚禄、巨款、出国旅游、得诺贝尔奖才是快乐，那么你不会有很多快乐，也许压根儿就没法体会快乐的滋味。如果你认为快乐来自一顿丰盛的晚餐，田野的清新空气，朋友的一次小聚，一杯酒或一晌小睡，那么快乐就将随时伴随着你。

西班牙谚语说："干什么事，成什么人。"今人讲："是什么料，充什么用。"我们还要加一句：是什么人，便有什么乐。著名女作家杨绛这样说过：假如是一个萝卜，就力求做个水多肉脆的好萝卜；假如是棵白菜，就力求做一棵瓷瓷实实的包心好白菜。相反地，一枝野菊花，硬想成为国色天香的牡丹，那就只能白费气力、枉添烦恼了。所谓"烦恼皆因强出头"，是很有道理的。我们也注意到，有些人平日老是一脸苦相，大有怀才不遇的愤懑，实则才华平平，这种人，本是勤务兵的料，老想着当将军的快乐，自然只是自寻烦恼而已。

若能把自己看成普普通通一个人，追求平平淡淡中的生活乐趣，自然会乐趣常生。但那些自命不凡者，对身边平凡的快乐往往视而不见、漫不经心，以致让它悄悄溜走而毫无知觉；而对于那些可望而不可即的非凡的快乐，又总是梦寐以求，结果总是白白地增添烦恼而无所收获。

作家王蒙对人生的忧乐别有一番见地，可算得上彻悟之人。他有一篇题为《烦恼》的短文，短而有味，值得一品。兹录于此：

谁能没有烦恼呢？夸张一点说，生存就是烦恼。

烦恼又是生存的敌人，生存的异化，生存的霉锈。

痴人多烦恼，妄人多烦恼，野心家多烦恼，虚妄的欲望与追求只能带来一己的痛苦。长生不老的仙丹，点石成金的法术，一帆风顺的人生，永远属于自己的美貌、光荣与成功。一句话，对于绝无烦恼的世界与生存的渴望，恰恰成为深重的烦恼的根源。这不是一个无可奈何的讽刺吗？克服了过分的天真，克服了过分诗化的浪漫，摒弃了良好到天上去的自我感觉，勇敢地面对现实的一切艰难，把烦恼当作脸上的灰尘、衣上的污垢，染之不惊，随时洗拂，常保洁净，这不是一种智慧和快乐吗？而那被克服、被超越了的烦恼，也就变成了一个话题，一点趣味，一些色彩，一片记忆了。

这是忧与喜的辩证法，苦与乐的辩证法。真的，生活就像一杯酒，看你怎么品呢！

（范军）

与人交往避其讳

人际交往从来就是人类生活的重要组成部分，今天的人们更加注重如何处理好人际交往，建立良好的人际关系。交往实践告诉人们，好的人际交往来自交往主体的"应做什么"和"不应做什么"两方面的保障。有些人在"应做什么"方面做得很好，可在"不应做什么"方面做得很差，二者相互抵消，人际关系平平，甚至很糟。所谓"不应做什么"，用一句话表示，就是与人交往应"避其讳"。

任何人都有自己的"讳"，一旦有人提到或触及时，便会非常敏感。由于每个人的个性、修养、阅历不同，当外人触及其讳时，表现形式不尽一样，但大都会产生厌烦、反感、憎恶等消极情绪，并在行动上对触及者采取拒绝、排斥乃至报复的行为。一位女顾客到一家商店买布，发现布上有"疵点"，便询问售货员。售货员却说：那算啥，人脸上还有雀斑呐。也许是说者无心，但听者有意，因为那位女顾客脸上正好有些雀斑。她以为售货员是在有意挖苦她，顿时大动肝火，与售货员争吵起来。随后愤然而去，发誓再也不到此店买东西。这件事足以说明"避其讳"的严肃性和重要性。

有的"讳"客观上无法直接地回避，但如果采用直截了当的"直白"方式，对方又会产生反感，这时不妨换个角度，巧妙变通一下，效果就大不一样。有位一只脚大、一只脚小的女士到鞋店买鞋，所到的店家都对她讲：太太，鞋不合脚，是因为您的一只脚比另一只大。这位女士听后拂袖而去。而有位鞋店老板则对她说：太太，这是因为您的一只脚比另一只小巧。女士感到十分高兴，买下了大小不同的两只鞋走了。

在有的交往中自己的习惯或所要干的事情正好同交往对象之讳相左，怎么办？一位烟瘾极大的编辑去一位作家那里约稿，主人热情接待，宾主海阔天空，神侃两个多小时。在这期间那位编辑一支烟也没抽，而离开作家家门他就急忙点燃一支烟，接连猛抽几口。同行者看后就问：为啥刚才不抽烟？答曰：这位作家一向最闻不得烟味，古人云"入其家避其讳"，我当然应当克制一下喽。此编辑克制自己迎合对方的做法，值得仿效。

另外，人际交往中也要注意在"应做什么"方面操作得法，不可随心所欲地超格过分，以避免把本是应该的事办得为别人所忌讳。比如说，为人热情是一种美好的交往行为，当然属于"应做什么"的范畴，但凡事都有一个限度、凡事都不可过火。今天到商店买东西营业员冷冰冰的面孔确实少了，可往往遇到的是超乎正常的热情服务。常常是顾客刚到柜台前售货员就一个劲儿问"您买什么"，这样本来想看看的顾客就只好走开了。实际上这种过度的热情为顾客所忌讳，普遍感到是一种精神压力，很倒胃口，有的甚至称之为"热情的虐待"。为此，一些顾客竟患上"营业员恐惧症"，而不敢再去逛商店。

人际交往"避其讳"，体现了对他人的理解和尊重。人都有自尊心，都有维护自己"面子"的心理，都希望得到别人的理解和尊重。在平时交往中人们都乐意同理解、尊重自己的人打交道，并心甘情愿地为其提供帮助和方便。既然在与人交往中"避其讳"尊重了别人也方便了自己，何乐而不为？

（钱森华）

满屋的太阳

那时，他还只是一个非常普通的煤矿工人，经常要下到数百米深处采掘光明。煤矿的工作脏、苦、累，还有一定的危险。

而那时的她，没有固定的工作，每天主要是照料一家老小的生活，偶尔在矿上的一个服务公司做一些零工。其实身体瘦弱的她，每天要操劳的事情有很多，但她却感觉很幸福，因为她说自己嫁了一个知冷知热的男人。

他经常会给她讲一些矿井下面他和同事们的一些让人轻松的事情，比如谁谁一顿饭消灭几个大面包，谁谁最先发现了特等焦炭等。他从不讲瓦斯浓度过大差点儿引发爆炸、掌子面剧烈摇晃等危险的事情。然而聪颖的她，还是能够感觉到井下环境的恶劣，她只是佯装不知。

她的勤快在矿区里是出了名的，他升井回家，她什么活儿都不让他插手。他要帮她，她便拦住他，你好好歇歇吧，有工夫多晒晒太阳，对身体好。

那个寒冷的冬日，他一进屋，便看到她正在窗前认真得像一个

规则
改变环境也改变人心

小学生似的画着一轮太阳,硕大的,金灿灿。

他好奇地问她,怎么突然画起太阳来了?

她柔柔地对他说,现在是冬季,天短了,你每天下井前见不到太阳,升井后也见不到太阳,担心你一整天都在黑暗中工作会冷、会恐惧,便画了太阳。你每天下井前,看一看它,心里可能会暖和一些。

哦,是这样啊。他目光停在她和那轮太阳上面,第一次发觉她的浪漫,像一个诗人。

那时,他和她刚刚30,彼此恩恩爱爱,将一份艰辛的日子过得温馨飘溢。

时间过得真快,一晃20年过去了,儿子已大学毕业在京城找到了工作,他已成为一名管理数百人的矿长。他们搬进了宽敞明亮的大房子,还买了小车,银行也有了可观的存款。日子一天比一天好起来。但是,不幸猝然降临——她去市场买菜时,遭到一个精神病患者的突然袭击,一块石头砸在了她的脑袋上。经过数月的救治,她总算走下了病床,却痴傻得连他也不认识了。

他毅然辞了工作,带着她辗转于国内的好医院,却仍没能出现期待的奇迹。她除了每天傻吃傻喝,便拉着他的手去晒太阳,无论春夏秋冬,无论天晴天阴。看到她呆傻的样子,他的心里有说不出的疼痛。

但有一件事,可以让她静静地待在屋子里,那就是画太阳。只要一说画太阳吧，她就会坐下来，像从前那样握着画笔，在纸上一丝不苟地画一个个大大小小的太阳。画好了，还问他是否好看，见他点头，听他说好看，她就会很开心地笑，然后把画好的太阳贴到墙上。她边贴边念叨，看一看太阳，就暖和了。

很快，他们所有的屋子里都贴满了她画的太阳。实在贴不下了，他便在晚上悄悄地撤掉一些，腾出地方来，让她把白天画好的贴上去。

有时，她会很乖巧地坐在他的怀里，指着贴满屋子的太阳，快乐地自言自语：真好，有这么多的太阳，你一定不冷了。

是的，不冷了。他轻轻地搂着她瘦削的双肩，宝贝似的。

时光缓缓地流淌。他早已习惯了每天看着她画太阳，帮她贴太阳。一天又一天，一年又一年，从白发杂生到两鬓如霜。

22年后，她坐在床上，拍着手看他往墙上贴刚画好的太阳，突然头一歪，倒下了，便再也没有醒来。那一刻，满屋的太阳，都暗淡了光芒。

她走后，儿子要接他去北京居住，他摇头：我还想留下来，再陪陪你母亲，我怕她孤单。

他把那些标了日期的太阳画一一打开，按着时间的顺序，从卧室一直满满地铺展到客厅。逐一轻轻地抚摸过去，宛若抚摸着尚未走远的一个个鲜活的日子。他的心海，涌过缕缕的温暖，自然、和煦。

他将她的第一幅画和最后一幅画放在一起，久久地凝望着，他看到了他们半个多世纪的相濡以沫，正如那满屋的太阳，简单而丰富，平凡而精彩。

很少有人知道那满屋的太阳，就像很少有人知道他们的爱情。但是，他们仍可以骄傲地告诉世人——尽管在人群中他们多么普通，在生活中他们多么平凡，但在爱情上，他们永远富有着。

（崔修建）

规则 改变环境也改变人心

贝聿铭：高屋建瓴　妙语留香

"城市如同人体，有心有肺，有胃有肠。天安门是北京的心、古典园林是苏州的肺、中央公园是纽约的胃、大小马路则是城市的肠，大大小小，缺一不可。城市设计与人体是有连带关系的，只是尺度不同而已。"在接受采访时，贝聿铭独具匠心，将建筑比喻成人体器官，精辟生动地阐述了建筑设计的"人性"理念，让听者体会到一代建筑大师对建筑物的满怀深情。其实，贝老不仅是一位出类拔萃的华人建筑巨匠，更是一员满腹经纶、妙语连珠的儒将。

妙喻传神谈处世

一次，贝聿铭应邀到清华大学做演讲，在回答学生提问时，有学生请他给即将踏入社会的学子就如何处世提几点建议。贝聿铭不紧不慢地说："大千世界纷繁复杂，为人处世其实很简单，我的建议只有一条，那就是向钱学习！"望着大家疑惑不解的眼神，他继续说道："中国古代的铜钱外圆内方，其实蕴涵着深刻的为人处世哲理。人生在世，面对打击磨砺，至刚则易折，必须灵活应对，这是外圆的处世技巧。但做人必须有坚守的准则，任外界风云变幻，信念、尊严、骨气这些底线永远不能丢，这是内方的做人之本。缠树的藤长得再高，可一辈子抬不起头来，因为缺少硬骨，风一吹就弯了腰，只能永远让人看不起。激流中的巨石，在水的作用下棱角全无，但内心却坚实岿然，为人处世亦应如此。古语'智欲圆行欲方'说的就是这个道理。"话音刚落，台下刻掌声雷动。

为人处世是一个老生常谈的问题，泛泛而谈、空洞说理难免让人产生单调枯燥之感。"那就是向钱学习"，贝聿铭出言新奇，语惊四座；紧接着以"铜钱外圆内方"为出发点，深刻阐述了既要灵活应对处世又要坚持心中底线的基本道理，自圆其说，揭开谜底，分析丝丝入扣，说得句句在理；最后用"缠树的藤"讽刺一味迎合、丧失原则的人，用"激流巨石"赞美守住底线、坚持原则的人，对观点进行充分论证，生动贴切，妙喻传神，实为点睛妙语，让人闻言折服。

风趣幽默论婚姻

贝聿铭和夫人陆书华相濡以沫、恩爱有加，曾被欧洲媒体评为"最令人羡慕的世界十大名人神仙眷侣"。在接受凤凰卫视专访时，谈到"婚姻保鲜的秘诀"，贝聿铭幽默地说：从恋爱到婚姻，是一个从雅到俗、从精神到肉体、从量变到质变的渐进过程，恋爱时是心心相印，结婚后则是骨肉相连，婚姻越长久，骨肉分离无法生存的感觉就会越深刻。恋爱时是一见钟情,这个"情"是激情;结婚后则是日久生情,这个'情'是亲情,二者有着本质的区别。几十年的婚姻光靠激情肯定不行,当激情消退后,只有亲情才能牢牢维系。夫妻过日子就要像中国的筷子一样,一是要惺惺相惜,谁也离不开谁;二是能同甘共苦,什么酸甜苦辣都能在一起尝,这样的婚姻才能天长地久。

关于婚姻,贝聿铭没有说那些耳熟能详的陈词滥调,而是别具匠心地以恋爱和婚姻的区别为切入点,由此及彼,对比论证,层层深入,巧妙地道出了他几十年美满婚姻的保鲜秘诀。他把夫妻形容成"一双筷子",告诉相爱的伴侣们,既要相依相伴、不离不弃,还要同甘共苦、祸福与共,生动精辟,新意盎然,趣味十足,令人过耳不忘,淋漓尽致地展现了他鲜为人知的风趣幽默的一面。

欲擒故纵应挑衅

有一次,贝聿铭参加一个商界的宴会,身边一个对建筑设计师心怀偏见的美国富翁一直在喋喋不休地挑衅:"现在的建筑师不行,都是蒙钱的,根本没有一点儿水准,纯粹是坑蒙拐骗。我打算造一所房屋,可是请了许多著名的设计师来,都说无法设计,什么建筑师?全是些名不副实的骗子!"贝聿铭礼貌地问:"那你准备造什么样的房子呢?"富翁回答道:"我要求这个房子是正方形的,房子的四面墙全都朝南!"贝聿铭笑了笑说:"你提出的这个要求我可以满足,但是我建出来这个房子你一定不敢住。"那个富翁扬扬得意地嚷道:"不可能,你只要能建出来,我肯定去住。"贝聿铭说:"好,那我告诉你我的建筑方案:房子建在北极,北极的极点是地球最北的端点,整个地球的其他部分都在它的南面,因而设计在北极点上的房屋,四面都是向南的。不过,北极极点沉浸在北冰洋之中,深不可测,先生您愿意同北极熊做邻居吗?"美国富翁顿时无话可说,窘迫万分。

房子的四面墙全都朝南,这实在是一个极其荒诞的要求,根本不可能实现。面对美国富翁的攻击和挑衅,贝聿铭没有针尖对麦芒地挥戈相对,而是故意顺从其意思,说"我可以满足你的要求",让对方更加趾高气扬;接着按照他的无理要求,道出了自己的设计方案,"把房子建在北极",这个方案当然也是不切实际的,却完全符合美国富翁的要求,让他猝不及防,最后只得束手就擒,自取其辱。一纵一擒之间,既有效避免了针锋相对可能导致的尴尬对立,又让人看到了一位大师的智慧与涵养。

贝聿铭的艺术设计魅力征服了世界,独特的建筑作品让人津津乐道、流连忘返;他饱含智慧的语言同样让人折服,精彩的智言慧语让人交口称赞、回味无穷。

(熊爱成)

论慎独

在中国传统的伦理思想中,"慎独"有着十分重要的意义和地位。在"论吾日三省吾身"一文中,我们曾谈到"慎独"是修养的最高境界。在中国传统道德中,"慎独"包含着非常丰富的含义。

最早提出"慎独"思想的是《礼记》的《大学》和《中庸》,它们分别从几个不同的方面提出了"慎独"的重要及其意义。

《礼记·大学》中最先提出"君子必慎其独"的思想,认为"小人闲居为不善,无所不至,见君子而后厌然,掩其不善而著其善。人之视己,如见其肺肝然,则何益矣。此为诚于中、形于外,故君子必慎其独也"。这里所说的意思是,一个没有道德的"小人",在独处之时,认为没有人能看见自己的所作所为,就会肆无忌惮地做出各种各样的坏事,乃至见了有道德的人,他也知道惶恐不安,因此,就假装出一种为善的样子,妄图瞒过别人,殊不知要想人不知,除非己莫为,这种伪装只能是白费心机,因为自己的一切言行,别人都会看得清清楚楚,就好像看到了自己的肺肝一样。所以,一个有道德的"君子"特别强调"慎独"。

中国古代传统道德所说的"慎独",作为道德修养的最高境界,主要包含着四个不同的要求,也可以说是包含着四个相互联系、不断递进的四个层次。古人认为,只有全面认识和理解了这四个由低到高的要求,才算真正达到"慎独"的最高境界。

(一)

"慎独",首先就是指,当一个人处在人所不知而己所独处之地,能够慎重对待自己的思想和行动,不做不道德的事。

一般来说,在社会生活和人与人的交往中,在人们都能够看到的地方,许多人还都能够遵守社会的道德规范,但在无人看见也就是无人监督的时候,人们的活动和行为却就有很大不同了。对于一个没有道德的人来说,当他一个人独处而无人能够看到他的言行时,他就会按照自己的私欲,无所顾忌,违反社会的道德规范,做出很多不道德的事来。正因为这样,在这种情况下强调"慎独",对一般人来说,是非常必要的。我们常说,道德是一种"自律",一方面它要靠社会舆论来约束人们的行为,更重要的是要依靠自己所形成的"道德信念"来自我约束。古人所说的"慎独"的一层意思,就是我们现在所说的道德上的自我约束。

"人所不知而己所独处之地",是衡量一个人道德水平和道德觉悟高低的重要场所。现实生活中,我们可以观察到一些值得深思的情况。有的人,在"人所共知"之地,为了得到称赞、表扬或塑造

"自我形象"，可以做出"先人后己""关心他人"以至做出某些个人牺牲的有道德的行为；一旦在"人所不知"的情况下，就会做出自私自利和损人利己的事情。因此，一个有道德的人，应该在这种时候与在人所共知之地一样，做自己该做的事，自觉地提高自己的觉悟，力求能做到"慎独"。

（二）

"慎独"的第二层意思，是它不仅指一个人"独处"之时，而且还指一个人虽然在大庭广众之下，而内心所出现的自己"独知"的动机和意图。宋代的著名思想家朱熹在他为《大学》写的集注中，明确指出："独者，人所不知而己所独知之地也。"这个"己所独知之地"，就是自己内心深处的"良心"。

一个人在大庭广众之间，在自己的内心深处，同样应当注意慎独，这就是说，一个人在想做某一件事时，内心中必然要有一些想法，或者称为意欲，或者称为意念（也就是我们今天所说的追求或动机），由于它只是人的一种内心的活动，所以在它还没有转化为人们的行动以前，是不为外人所见的，而自己却是知道得很清楚的。这种情况，同样应当强调"慎独"，要努力克服和清除这些人所不知而自己独知的邪思恶念。古人认为，要想成为一个有道德的人，就必须要在自己的内心的动机上下功夫，要在那些错误的思想方萌之际和未萌之前，就要及时地加以克服，不要等到它形成之后才去克制，那就为时太晚了。为此明代著名思想家刘宗周认为，在这种情况下，更要发挥"良知"的作用，对内心的各种不正确的思想，一定要"戒慎恐惧"，注意"慎独"。

这里，"慎独"的更深一层的意义就是要"毋自欺"，就是要"诚"。这就是说，"慎独"并不仅仅是在众人不知而自己独知之地，能够不做不道德的事；而且要形成一种高尚的品德和崇高的境界。这就是所谓的"诚于中，形于外"，只要在内心中做到了"诚"，在行动上，就会做道德的事。在这种境界中，一个人总是能够表里如一、言行一致，心里想的，就是口中说的，口中说的，就是实际做的。因此，不论是在大庭广众之下，还是在自己独处之时，都能按照道德的要求去做。这种"毋自欺"的境界，是"慎独"的更高一层的境界。

《中庸》中说："是故君子戒慎乎其所不睹，恐惧乎其所不闻，莫见乎隐，莫显乎微，故君子慎其独也"。这里的意思也是说，一个有道德的君子，常常有着一种敬畏的心情，在眼睛还没有看到、耳朵还没有听到的地方，要能够常常自觉地进行修养。对于自己内心中一切细小的事情，一切幽暗不明的地方，自己都会知道得很清楚，而且最终也瞒不过别人，所以君子要特别注意"慎独"。

（三）

第三，古人所说的"慎独"，还有着积极方面的意义，就是说，在人所不知而自己独知之时，不但不做坏事，而且要努力做有道德的事。

刘宗周更进一步从积极方面发挥了"慎独"的思想，他说："君子曰：闲居之地可慎也。吾亦与之勿自斯而矣。"这就是说，在无人监督、无人知道的"独处"的情况下，一个有道德的人，不但不去做不道德的事，而且能够自觉地按照"君子"和"圣人"的标准来要求自己，不断地锻炼和修养自己的品德，这才是"慎独"的更重要的意义。

刘宗周以前的思想家对"慎独"的解释，都强调"慎独"是在个人独处独知之时，也就是在没有人看到、没有人知道的情况下，一个人应该不做不道德的事。刘宗周则更进一步，他认为，在人所不知而己所独知的情况下，不但不应当做不道德的事，而且要主动、积极地做有道德的事。

我们知道，在一般情况下，人们都是愿意在大庭广众之下，来做有道德的事，即使在无人知道的情况下做了好事，也要想方设法使别人知道，以便得到他人的称赞。正是这样，在无人知道的情况下，也就很少有人愿意做好事了。因此，人们对"慎独"的理解，往往多从消极方面来认识和要求。其实，"慎独"更为重要的是，应当在无人知道而只有自己"独知"的情况下，发自内心地去做好事。我国古代的一句著名的格言就是"善欲人见，不是真善；恶怕人知，便是大恶"，就是说，一个人做了他人称赞和报偿的任何善事，如果总是想要人家看见，就不是真正的为善；做了坏事而怕人知道，必定是大坏事。这也就是说，一个有道德的人做任何善事，都不是为了个人的名利，更不是为了追求社会和他人的报偿。

（四）

古人认为，一个人要想做到"慎独"，最根本的就是要能够做到"意诚"。《大学》中又说："所谓诚其意者，毋自欺也。如恶恶臭，如好好色，此之谓自谦。故君子必慎其独也"。这就是说，所谓"意诚"，是对于一切善恶的判断，都已达到了一种最高的认识，就好像一个人见了臭味就自然讨厌、见了美好的颜色就喜欢一样，是从自己的内心中自然发出来的，一点也没有勉强的地方。同样，对于"恶"的厌恶，就像闻到了臭味一样；对于"善，"的追求，就像喜欢香味一样。对恶的事坚决拒绝，对善的事，决心做到。这就是说，一个人，只有在高尚的道德中，才能得到自己的"满足"（"之谓自谦""谦"者，足也）。这种境界，也就是宋明道学家所说的"纯乎天理而无一毫人欲之私"的境界，孔子说："吾十有五而志于学，三十而立，四十而不惑，五十而知天命，六十而耳顺，七十而从心所欲不逾矩"，这就是说，孔子到了七十岁的时候，经过长期的修养和锻炼，终于达到了这种最高的境界。

古人认为，要做到"慎独"，最重要的就是要发挥个体的道德能动性。刘宗周在谈到"慎独"时，尤其强调人的"心"和"意"的作用。他说："慎之功夫，只在主宰上"，一个人要想在道德上有所进步，就必须在主观努力上狠下功夫。能不能把握住在独处的关键时机，发挥自己的"主宰"作用，是对一个人能不能成为有道德的人的重要考验。"慎独"就是要自觉地去克服一切"七情之动"和"累心之物"，使自己能够达到"成圣""成贤"这样一种最高的道德要求。

最后，我们还应当特别指出，古人总是把"慎独"同修养紧密联系起来，把"慎独"看作是一种修养的过程。"慎独"中能使人对自己的错误的欲念和动机，加以反省和认识，能使自己觉察到自己思想深层的细微杂念，这就是古人所说的"知几"。"几"者，微小、纤细的意思。"知微"就能有利于"防渐"，人们如果能经常地反省、检查自己的极其微妙、细纤的思想，就能使其及早地得到克服。一般来说，如果不遇到什么事情，一个人也不容易察觉自己思想中的细微变化。一旦有了利害得失的事情发生，各种嗜欲和邪思邪虑，就会跟着产生，所以，古人提出要在"知几"中提高自觉性，使自己的细微的不正确的思想，及时加以克服。因此，"慎独"既是修养的境界，又是一个很重要的修养过程。

（罗国杰）

永远都不晚

我供职了14年的电脑软件公司关门了,我一下子成了闲人:"我都51岁了,谁愿意要我呢?"那天早上,我把报纸丢在一边,泄气地对妻子凯茜说。

"你可以做生意啊,过去你不是一直梦想那样吗?"

没错,我有过宏伟的蓝图,但那是很多年前的事,现实早就让我的梦想破灭了。

街道那边一个老人正专注地欣赏台上那些大学生们的表演。表演内容紧紧围绕学生们来社区服务的亲身经历,比如拜访疗养院、帮助老年人做家务等等。我想,要是生活能像艺术一样就好了,那样的话我愿意来到一家疗养院,卷起袖子热火朝天地干起来,让每个老人脸上都露出笑容。这就像了却一桩心愿一样:

突然,我想起有一个叫"许下心愿"的组织专门帮助生病的孩子实现他们的梦想。我有了一个主意:我为什么不能成立一个这样的组织专门为老年人圆梦呢?一回到家,我就迫不及待地把想法告诉了凯茜。"或许它能成为你的工作,"凯茜鼓励我,"何不试一试?"

规则
改变环境也改变人心

第二天，我开始我的圆梦行动。我找的第一个人是詹森·巴克，他管理着我们社区的"老年之家"。他非常支持我的计划，并向我讲起了朱安，一个坐在轮椅上的可爱的妇人。"她没有什么钱，也很少外出。我打赌她一定有心愿没有了却。"

我们见到了朱安，那天她穿着一件非常破旧的衣服。我说明来意后，她双眼一亮："什么心愿都可以？"她有些不敢相信。"当然，任何心愿都行。"

她的脸一下子红了，过了一会儿才开口："说出来有些难为情，但我确实需要一些新衣服。我星期天想去教堂，平时想去玩宾果游戏。但我只有一些旧衣服，就像我身上这件一样。我非常想逛逛商店，买几件像样的。"

"这一点儿都不难。"我说，然后给我的朋友桑迪打电话，他一直乐于助人。第二天，在我们的陪伴下，朱安开始了她一生中最快乐的购物狂欢，她脸上始终带着灿烂的笑容。那天，我们给她买了五套新衣服和一双新鞋。"朋友们都认不出我了。"欣赏着镜子中的自己她激动地说。

我成立了一个慈善团体，命名为"永远都不晚"，但是开始一段时间几乎没有接到什么请求，让我无梦可圆。若这样发展下去，没多久我就得重新找份工作。我正茫然不知所措时，詹森·巴克从"老年之家"打来的电话，说他那儿有一个人很怀念以前当农民时在地里干活的日子。爱德文曾经在印第安纳东南部务农60多年，后来他和妻子卖掉田产，搬到首府波利斯跟女儿住在一起。他不是怀念那种日出而作、日落而息的劳累生活，他只是非常想再犁一回地。

"我想做的是再次开着拖拉机耕一回地。"爱德文的声音很激动。

早春的一个上午，我在农场见到了在女儿陪伴下的爱德文，农场的主人愿意帮助爱德文实现梦想。那天，爱德文一下车就闭上眼睛，用力地呼吸刚耕过的土地散发出的泥土香。睁开双眼时，他发现一台拖拉机像变魔术一样出现在他面前。他满面红光，兴冲冲地爬上拖拉机，立即启动，突突突地开到地里去了。看着爱德文兴奋的样子，那一刻我想，就算这是我们帮别人圆的最后一个梦想，我也没有遗憾了。

事实证明，帮助爱德文只是我们圆梦行动的开始。爱德文的故事被当地一家报纸刊登了。马上我们就被数不清的电话淹没了，有想要圆梦的，有捐款捐物的，还有提供志愿服务的……

那之后的七年里，想要圆梦的请求从未停止过。多年来我的圆梦行动帮助无数老人实现了他们毕生的梦想，我所做的不仅仅是一份工作而且成了我的事业。这一切都始于我对梦想的追寻，圆梦行动也让我明白一个道理：只要心中有梦，永远都不晚。

(王启国　编译)

自我激励——实现人生价值的阶梯

激励，就是持续地激发工作或学习积极性的过程。从来源来看，有来自社会、组织、领导、他人的激励，也有来自自我的激励；从对象来看，有对他人的激励，也有对自我的激励。外来的激励是一种反应性激励，具有被动性；而自我激励是一种自主激励，具有主动性。那么，要想使自己获得成功，我们如何进行自我激励呢？一般地说，应从以下几个方面入手。

一、目标自我激励。目标不仅对个体行为具有导向、调节、整合作用，而且具有激励作用。人生应有目标，"人无远虑，必有近忧。"许多有成就的人都是始终有着稳定的人生目标的人。目标有大目标，也有小目标；有长远目标，也有短期目标。小目标是大目标的分化，短期目标是长远目标的分化；大目标或长远目标的实现是由小目标或短期目标的累积达成而最后完成的。大目标或长远目标像一座灯塔，引导和激发个体不断前进，满怀希望。而小目标或短期目标的不断达成，又使个体不断地享受成功的喜悦，因而不断地爆发出无穷的工作热情和工作力量。

二、责任感自我激励。责任感是一切道德品质的核心，它是一种对自己、他人、集体、国家和社会认真负责的精神。凡是具有高度责任感的人，对待自己往往是自信、自立、自强、自律、自尊、自励、自重、自爱等；对待他人往往是仁爱、平等、尊重、亲睦、关心、真诚、信赖、协作、帮助，"老吾老以及人之老，幼吾幼以及人之幼""己所不欲，勿施于人"等；对待集体往往是奉献、尽职、尽心、自我牺牲、公而忘私、大公无私等；对待社会和国家则是"位卑未敢忘忧国""天下兴亡，匹夫有责""先天下之忧而忧，后天下之乐而乐"等。正因为如此，所以，每一个有志于成功，有志于实现自身价值的人，首先应当从各个角度培养自己的责任感。只要这种高尚的责任感建立起来，它将成为一种无穷的激励力量，激发个体认真负责，勤勉工作，不断进取，努力创造。

三、榜样自我激励。榜样是行为的参照体，"榜样的力量是无穷的"。榜样可以启发人如何做人、如何做事；该做什么，不该做什么。所谓"见贤思齐""以人为镜可以明得失"就是指榜样的激励和导向作用。那么每个人应当以什么样的人为榜样以及如何确立自己的榜样呢？这要根据自己的职业和兴趣而定，从事政治活动的人，当以唐太宗、王安石、包拯、孙中山、毛泽东、邓小平、焦裕禄、孔繁森等人为榜样；从事实业的人，当以荣敬宗、荣德生等人为榜样；从事科学研究的人，当以钱学森、华罗庚、竺可桢、陈景润等人为榜样；从事艺术的人，当以齐白石、徐悲鸿、梅兰芳等人为榜样;从事文学的人,当以曹雪芹、鲁迅等人为榜样;从事教育的人,当以孔夫子、蔡元培、陶行知等人为榜样……所有这些为中华民族五千年之兴旺发达做出过巨大贡献的不同领域的杰出人物,均可作为行为的榜样。为了确立个人行为的榜样,个人可以听宣传、看影视、读报纸等,但最好的方式是多读人物传记。有人将阅读传记看作是与伟大人物和智者交往、对话,这种看法,一点也不过分。阅读优秀人物的传记,确实可以提高一个人的认识和修养,激发人奋发进取的愿望并教人以达成愿望的途径。

四、成就需要自我激励。成就需要是一种内化了的优越标准的成功需要。我国心理学家俞文剑教授认为:"凡是有成就需要的人,都有以下的行为特征:①事业心强,敢于负责,敢于寻求解决问题的途径;②有进取心,也比较实际,甘冒一定的可以预测出来的危险,但不是去进行赌博,而是有进取性的现实主义者;③密切注意自己的处境,要求不断得到反馈信息,以了解自己的工作和计划的适应情况;④重成就、轻金钱,工作中取得成功或攻克了难关,从中得到乐趣和激情,胜过物质的鼓励。报酬对人来说,是衡量进步和成就的工具。有成就动机的人,更多的是关心个人的成就,而不是成功后的报酬。"(俞文剑:《管理心理学》第576～577页)而且美国管理专家威纳和鲁宾的实验研究也表明:成就需要与工作绩效呈正相关,即成就需要越强,工作绩效越好。因此,作为个体,应当注意培养自己的成就需要,要有为集体、国家和人民干一番事业的雄心。有了这种需要，就可以转化为成就动机，进行付诸成就行为，经过不断目标达成，最终成为一个有所成就，有所建树的人。所以，成就需要是进行自我激励的有效手段。

　　五、行为准则或座右铭自我激励。一个人所确立的行为准则或座右铭是其思想或信念的体现，对其行为具有很强的规范和激励作用。如孙中山先生的座右铭是"天下为公"；李大钊先生的座右铭是"铁肩担道义，妙手著文章"；周恩来先生的座右铭是"为人民服务"，行为准则是"严于律己，宽以待人"；范文澜先生的座右铭是"板凳要坐十年冷，文章不写一句空"；陶行知先生的座右铭是"捧着一颗心来，不带半根草去"；还有人提出为官十"忌"的行为准则："一忌奸，必须忠；二忌偏，必须正；三忌骗，必须诚；四忌贪，必须廉；五忌懒，必须勤；六忌浮，必须实；七忌骄，必须谦，八忌聋，必须聪；九忌懦，必须勇；十忌庸，必须贤。"所有这些，不仅反映了每个人的思想和信念，亦激励每个人为中华民族之兴旺图存做出了卓越的贡献。行为准则或座右铭有健康与不健康或积极与消极之分，如果一个人选择了"人不为己，天诛地灭"，或"人生在世，吃穿二字"，或"千里做官只为钱"，或"今朝有酒今朝醉"，或"有权不贪，过期作废"，或"人为财死，鸟为食亡"等消极言论为座右铭，那么这个人是注定不会对社会、他人和集体有所贡献的，只会成为国之赘疣，民之公敌。所以，作为国家公民和建设者的个体，应当选择健康的言论作为自己的座右铭或行为准则，以此激发自己的工作热情和创造智慧，为实现人生的价值而不懈努力。

总而言之，每个人不仅要接受外来的激励，尤其应当重视自我激励，应当从目标、责任感、榜样、成就感、行为准则或座右铭等方面进行自我激励。只有能有效地进行自我激励，才能有效地对他人进行激励。也就是说，自我激励不仅对个体发生作用，亦将对同事、同学、同伴等发生影响，进而产生良好的社会效果。

（杨春晓）

自立，是人生成功的第一步

我经常接到一些年轻人的来信，他们大多十八九岁，有些二十多岁，刚大学毕业踏入社会。他们遇到的最大问题是迷茫，找不到工作，觉得自己身体和心理有问题。他们对自己没有信心，对社会缺少热情，心情常常郁闷，认为自己做什么都不成功，即使交朋友也常失败。他们心里焦急，时常精神恍惚。

看到这样的信，我想到的第一个词就是"自立"。所谓自立，就是自己的事情自己负责；不依赖别人，靠自己的劳动生活；勇于承担自己的责任，能成为真正的独立的人。可以这样说，人的成长过程，就是一个不断提高自理能力的过程。可是看看现在的年轻人，他们不缺少文凭，不缺少科学知识，不缺少关系和金钱。他们缺少的，就是自立。

一个已经毕业一年仍没找到工作的大学生曾苦闷地问我，他是不是很没用？我反问他是真的找不到工作，还是找不到令自己满意的工作？如果是后者，我建议他从最低处做起，放下自己大学生的架子，别顾及工作的环境。我说，你毕业都一年了，还要靠父母给你寄生活费，这算什么大学生。家人辛辛苦苦把你支持到大学毕业，你不想着如何反哺，如何尽快自立自强起来，整天寻思着找一份体面的工作，可是，时间不等你呀！

　　人生是一个不断成长的过程，而自立就是成熟的标志。随着年龄的增加，人要学会自立生活，自立包括你能够独立走上工作岗位，能够自己养活自己，能够用自己的劳动去温暖、感染他人。这样的人生，才是成功的人生。它不需要你有多么优越的工作，获得多么高的薪水，当然，薪水高说明你的能力比较强，创造的价值大，但只要你从事着一份普通的工作，能够挣钱养活自己，行得正，走得端，你也是令人敬重的。

　　人人都有理想，都希望将来获得辉煌的成就，这很好，它至少说明你有远大的目标。但对许多年轻人来说，目前最重要的，是一步一步往前走，不要急，不要慌，要踏踏实实地前进，一步一个脚印，日积月累，你的能力提高了，经验增加了，眼界也会随之大开。再则，就是需要你的坚持，选定目标后，要努力一直朝着一个方向走。沿途或许会有许多诱惑，但你要记住，暂时的享受比长远的幸福逊色很多。人生是个长远的过程，你不只是为了一两天的享受才来到世上的，还有许多宏伟的理想要你去实现。

　　有些人说他们心情常常很糟糕，老是郁闷。这很正常，谁都有郁闷的时候，关键是你要让自己充实起来。你要制订出一个合理的计划，让自己每天的时间都充实起来，这样空虚与烦恼就没有可乘之机了。至于有人说自己不会交友，缺乏与人交流的能力，我更是不能同意。如果你与人交往，拿出一颗心来，并且热情、积极，哪里会没有朋友？

  总之，整天坐在屋里发牢骚是没用的，要想获得成功，第一步就是走出来，经风雨，见世面。时间不会等你自立，你要学会让自己尽快自立起来，这是我们生活能力的锻炼过程，也是我们养成良好道德品质的过程。我们要不断完善自己，自尊自信，成为一个对自己、对他人、对社会负责的能够自立自强的人。

（柯云路）

每个年轻都用错误铸成

早上刚打开MSN，一位好友的信息就跳了出来："实在忍不下去了，我要辞职！给我点建议吧！"

于是，我发信息给她："如果离开能使你的内心平静，那就是一种成功。"她又问："这个单位待遇还是不错的，现在工作这么不好找，我担心辞职会是个错误……"我笑了："你不是已经觉得待在这里是个错误了吗？"过了一会儿，她发来一个笑脸，说："我发现，我的过去全是错误。"我送给她一句黑曼的诗句："不要犹疑，亦无须畏惧，每个年轻都在错误中远行……"

写下这句诗的时候，往事呼啸而至，我竟在瞬间迷失。

我的职场历程，可以用"错误铸就"四个字来形容。从2004年大学毕业至今，我不断地入职、辞职、求职，重复着发现错误、认识错误、纠正错误的过程。但我始终相信：我一定会找到最适合我的舞台。哪怕经历了那么多的错误选择，它也一定存在。

我的坚持，源自第一份工作的收获。尽管，现在看起来它仍是一个错误。

规则
改变环境也改变人心

2004年2月，大学尚未毕业的我通过重重考核，从几百名应征者中脱颖而出，加入了一家很有名气的期刊社，成为一名媒体人。作为一名新人，我努力思考、勤奋工作，不断想出一个个让老编辑拍案叫绝的策划点子，写出一篇篇颇受读者欢迎的稿子。我的表现让同来的四个年轻人叹服不已，短短两个月时间，我的发稿量和优稿量就超过了资深编辑，在整个编辑部名列前茅。

但是，我发现，领导似乎对我的努力和成绩视而不见。而更离谱的是，虚心向老编辑请教业务知识的我，总被他批评"跟某人走得太近，搞小团伙"。接着，我的工作出现了可怕的怪现象：我越努力，我的发稿量越下降！

那段时间，我迷惘到了极点，完全不知道努力的方向。见我如此痛苦，一位仁厚的老编辑道出了真相。

原来，这个外表光鲜的杂志社已经是明日黄花，内部分崩离析，各派暗斗；外部市场萎缩，发行崩盘。领导无力回天，为了扭转自己渐趋孤立的劣势，所以才对外招聘了几个"自己人"。至于他口中"必将成就美好未来"的我们，只不过是负责为他的年终考核投"赞成票"的"救场小英雄"。而等待我们命运的，就是在考核过后被以"精减人员"为名辞退！

当真相揭晓、梦想破碎的那一刻，我痛苦得说不出一句整话，只机械性地喃喃自语："这真是个错误，真是个错误……"那位老编辑在我的肩头用力拍了一下，看我清醒了许多，他语重心长地说：

规则 改变环境也改变人心

"你年轻,没有什么错误不能修正。对你来说,错误恰恰是一种考验,就看你能不能在错误里作出正确的选择。记住,对自己负责的人,从不怕犯错误。每一个到达天堂的人都从地狱里走过!"我细细咀嚼着这些话,重重地点了点头。

第二天,我就提出了辞职,然后开始了长达四年的动荡历程。每当我作出了错误的选择,我都会想起老编辑的那些话,然后以负责的态度逼自己重新开始。直到三年前,我加盟这家无名的小杂志。我庆幸找到了自己的舞台和奋斗方向,三年过去了,杂志已经小有名气,而我也成了它的执行主编,我们一起经历了精彩纷呈的成长。

每个成功,都浸满泪水;每个年轻,都用错误铸就。而我们要做的,就是当机立断,大步向前,不犹疑且不埋怨。走过地狱,天堂便胜利在望了。

(朱国印)

年轻人要学会身心整合

今年是孔子诞生2560年，大家可能要问了，离当今如此久远的孔子创立的儒家，对我们今天有什么启发呢？启发很多，这就是国学的魅力，当把儒家思想与现代生活结合起来时，就能丰富我们的人生、充实我们的内心。

了解自己的人才快乐

瑞士有个著名的心理学家叫荣格，他说，一个人身体健康，心智正常，但是未必快乐。这是为什么呢？荣格的话说明了一个问题：人的快乐和身心没有必然联系。相反，有些人可能身体有病，心智也未必完全正常，但是他很快乐。我们就要问了，西方人如何面对这个问题？荣格提出了问题所在，他认为，现代人跟自我大过于疏离、异化，对自己不了解。

这使我想起了刻在希腊戴尔菲神殿上的一句格言——"认识你自己"。一个人是不是快乐，要看他是否了解自己，如果不了解自己，把社会大众所追求的东西，当成自己的目标，得到之后才发现不是自己所要的。英国作家王尔德对人生的观察非常深刻，他说："人生只有两种悲剧：一种是得不到我想要的；另一种呢？是得到了我所要的。"前半句话倒还合理，后半句就糟糕了，他说得到了才发现自己搞错了，和自己最初所想的不一样。

中国人很少看心理医生，难道我们心理都健康吗？不一定。我们的立足点有两个：第一，中国人传统比较重视群体，能从家人、同学的支持中化解压力；再一个，通过算命来解释人生际遇。在今天的中国，这两点都有些靠不住了，一是多是原子式小家庭，各自奋斗；二是算命也被认为不科学，需要理性的根据。这样，中国人和西方面临的问题就慢慢接近了。

这时候，把孔子拉进来，能面对西方的挑战吗？没有人敢打包票。

孔子的特质就在于，他把内在的精神特质完全展现出来了，为什么经过了两千多年，他仍然能够辐射出很强的光，因为他把"人"这个角色扮演得很好，把人的潜能充分实现，成为君子、贤者、圣人。大家听到这几个词都有压力，心里说又要我们修德行善了，问题是，你能不能讲个道理出来，说修德行善本来就是人心快乐的保证？

真诚是向着的前提

"人之初，性本善"往往只是小孩子们念，在成人社会没办法讲通。所以性本善是一种幻觉、一种教条。儒家所主张的理性要改一个字，叫作"人之初，性向善"。什么叫向呢？向代表一种真诚引发的由内而发的力量。真诚这两个字很有意思，因为人是所有动物里面唯一可能不真诚的，有些人甚至一辈子都不真诚。儒家强调真诚，真诚才有力量。坐公交时大家都抢座位，上来一位老太太，大家都装作没看见，各忙各的。突然，老太太摔倒了，大家争着让座，为什么？恻隐之心哪，你可以忍受汽车的颠簸，不能忍受良心的煎熬。人活着就有真诚和不真诚，不真诚就会计较，老太太上来，周围有比我年轻的，比我壮实的，凭什么是我呀？假设是自己的祖母呢？请问别人的祖母你为什么不管，你没有推己及人哪，老吾老以及人之老，这样想你就会心甘情愿地让座，真诚才有力量，所以，人心向善有个前提——真诚。

真诚绝不是天真幼稚，很多人说学儒家反而有很多限制了，我不能够得到许多利益，最后往往做好人吃亏了，这种吃亏实际上符合人性的要求，长远来看，是对人性最健康的指导。

儒家怎么看待善呢？你先不要问什么是善，先想想哪些行为经常被描写为善。《孟子》书中就有四个字——孝悌忠信，分析一下会发现，原来每个字都是"我"和特定的人适当关系的体现，父母、兄弟、朋友。儒家思想的"善"一定放在人与人中间，以真诚为出发点来实现。

真正的快乐是心中坦荡荡

孔子的儿子比孔子早两年过世，孔子等于是没人送终，弟子们守丧三年才离去，子贡"筑室于场，独居三年，然后归"。孔子生于富贵人家吗？不是，他出身卑微。孔子是一位政治领导吗？他在鲁国只做了五年官。孔子很有钱吗？更没有。这么一个人过世之后，学生们却主动地为他守丧。今天我们学习儒家，就要掌握真诚，力量由内而发，把被动变成主动，是我自己愿意友善，我愿意孝顺，我愿意勤奋。这样做的时候，内心的快乐就会展现出来。

一般讲快乐都会讲到很明确的效果，其实不然，真正的快乐是心中坦坦荡荡。孟子说："万物皆备于我，反身而诚，乐莫大焉。"这句话怎么解释，在我这里，什么都够了，什么都不需要了，我只要反省自己；发现自己做到真诚，就没有比这个最大的快乐了。换句话说，人最大的快乐就是心中完全真诚，仰不愧于天，俯不怍于人。

学儒家也要讲智慧

现在收入比过去高了，但比过去快乐吗？不一定，这就说明，快乐在内不在外，在外的话可能就陷入五个字的困境——重复而乏味。

一个人的生命，如果只有外面的活动，很容易重复而乏味，像我们开始上班都很开心，上班五年之后，还有这样的热忱吗？就变成例行公事了，开始上班的劲头，让你感觉生命每天都不一样，日新月异，感觉有理想。学了儒家之后会发现，这种热忱每一天都会存在。

由内而发的真诚是你每一天工作快乐的最重要来源。学儒家讲真诚做好人决不代表你要受骗，而你要思考，智慧不可或缺。西方有句话，做正确的事，把事情做正确。前者讲做好事，后者就是智慧。

有个词叫守经达权，意思是说把握住原则但能变通、不固执。人往往需要配合变化的需要。有人故意问孟子，如果嫂嫂掉到水里快淹死了，我这个做小叔的能不能伸手拉她。这个问题很难回答，因为古时候讲男女授受不亲。孟子说："看到嫂嫂掉水里不救那是豺狼。"所以人生有平常的情况，也有特殊的情况，儒家能随时应变。

学会身心的整合

当今人们通常存在这样的困惑，一方面明白钱财都是身外之物，要克制欲望，另一方面又被中产阶级的优越生活所吸引，停不下追寻的脚步，如何保持内心的平衡？这个时候，儒家就可能会起到一些指导作用。追求外在的生活条件，这是社会发展的方向和重要方式，本身没有错。重要的是你内心要有一种觉悟。我们谈论完整的人生，不能忽略"身、心、灵"三个部分。年轻的时候，很多人侧重身（外貌、体力、财富、地位等）方面要多一些，但是不能仅仅停留在这个层面。

身体健康是必要的，凡是和此有关的，都属于必要的；什么是必要？非有他不可，有他还不够。那我们还需要什么呢？需要心智的成长，人与动物的差异，表现在心智的精密度与复杂度特别高，但是如果缺少成长及发展的机会，心智的潜能弃置不用，那么人很可能不如动物。若要活得像一个人，就须不断开发"知情意"方面的潜能；若要再往上走，就会进入"灵"的层次了。如果忽略灵性修养，则人生一切活动对自己而言，将是既无意义也无目的的。所以，人生要想不困惑，就得有一套完整的价值观，必须针对上述身、心、灵三个部分，提出各自的定位以及彼此之间的适当关系。身体健康，是必要的；心智成长，是需要的；灵性修养，是重要的。有了健康的生理需求，就要发展知情意，进而寻求自我实现和自我超越。这样的人生才能走向智慧的高峰。

（傅佩荣）

"锋芒"放在哪里?

处世不可锋芒太露,又不可锋芒不露。锋芒不露,可能永远得不到发展的机会,锋芒太露,或许能取得暂时的成功,但更会给自己埋下深深的危机,不能成就大事业。锋芒放在哪里?这是每个人都在思索的问题。

锋芒外露要适可而止,不可随意毕露。锋芒毕露造成的悲剧实在太多,世人时常感叹杨修之死,杨修确实很有才华,能看懂许多别人看不懂的东西,能猜透别人猜不透的东西,但他不知道如何收敛锋芒,任锋芒四处招摇,不择场景滥用自己的聪明。曹操本性多疑,借梦杀侍者,杨修指着死者棺材说:"不是丞相在梦中,只是你在梦中罢了。"杨修猜出曹操本意,自然对曹操熟悉至极。可既然熟知曹操本意,事后的说法又于事无补,又何必锋芒毕露呢?曹操与蜀军作战时,曹操因对碗中鸡肋生感慨,杨修便叫军兵收拾行装,既然杨修看出曹军必退,任曹军自然撤退便是,又何须画蛇添足,非要锋芒毕露不可?杨修不会收敛锋芒,把锋芒用在小事情上,不过是小聪明而已。杨修不会把其锋芒用在大事情上,对外不能帮曹操克敌制胜，对内不能帮曹操安邦定国，却一而再再而三地用锋芒刺痛曹操。曹操以前不杀他，是想表现自己的气度，既已不能忍，又有借口杀他，曹操还有什么犹豫的？

　　锋芒太露，得不到别人的支持，你做成事情，别人心里不痛快，并不信服你；可藏起锋芒，一事无成，别人幸灾乐祸，你处境艰难，做事举步维艰。这使人想起两只刺猬的故事，离得太近会刺得彼此伤痛，离得太远找不到难得的和谐。可见，锋芒不可伤害他人，更不可淡化至无。某君毕业留在广州，满腹经纶，尽是理想，可生活里的人与事完全不像书上所说的那样，而他对社会的复杂性毫无体验，做事无所畏惧，说话无所遮拦，不知道收敛锋芒，结果处处碰壁。面对生活的教训，他自我总结：处世不能露锋芒。后来他调到新单位，奉行这套处世哲学，上怕冒犯领导，下怕得罪同事，事事听别人的。岁月是无情的，他不思有所作为，别人会给他机会吗？大好时光错过，等他再想做事时，却很难找到年轻时的激情。他从一种悲哀走向另一种悲哀，这注定他这辈子无所成就。

　　把握锋芒，首先要平静地对待生活：要有所为有所不为，做事情要分清主次。人不能什么事情都在乎，对自己不必在意的事情，又何妨冲淡些？做自己喜欢做的事情，做自己能做的事情，不必在各方面都计较。孔子是思想家，可有谁听过他是武学家？如果他执意要和别人在武学上比锋芒，结局便可能是两头空。以淡泊的心境面对世事，人就会变得豁达，不会过分计较生活的得失，为不起眼的事情和别人闹不愉快，让人觉得你咄咄逼人，结果弄得"捡芝麻丢西瓜"。生活里总会出现不如意，人应该学会自我调整，把失意当作正常的事情，在失意里寻找发展机会。用平和的心态对待生活，人无疑会养成谦虚的好品性，懂得学习别人的长处，宽容别人的弱点。

处理好锋芒问题，还要注意与人沟通，人的感情是复杂的，尽管你时时留意不可锋芒太露，但有时还是会与人发生误会。你觉得没有锋芒毕露，有些事情可能让别人感觉你对他是有意冒犯，若让这种误会造成的不愉快沉淀在记忆里，是不利于处理好彼此关系的。主动与别人沟通，往往会引发别人的好感，让对方意识到这只是误会，且误会是来自自己的猜测。

锋芒其实是你语言行动给人的感觉，在生活里若能以诚待人，学会尊重他人，往往能未雨绸缪，淡化锋芒对人的伤害，有助于事业的发展。

（蔡泽平）

规则
改变环境也改变人心

依靠自己的力量

　　有一天，大仲马得知自己的儿子小仲马寄出的稿子接连碰壁，便对小仲马说："如果你在寄稿时，随稿给编辑先生附一封短信，只要说'我是大仲马的儿子'，或许情况就好多了。"小仲马却倔强地说："不，我不想坐在你的肩头上摘苹果，那样摘来的苹果没味道。"年轻的小仲马不露声色地给自己取了十几个其他姓氏的笔名，以避免编辑先生们把他和大名鼎鼎的父亲联系在一起。

　　面对那一张张冷酷无情的退稿笺，小仲马没有沮丧，仍在屡败屡战地坚持创作自己的作品。他的长篇小说《茶花女》寄出后，终于以其绝妙的构思和精彩的文笔震撼了一位资深的编辑。这位编辑和大仲马有着多年的书信来往，他看到寄稿人的地址同大仲马的地址丝毫不差，便怀疑是大仲马另取的笔名。但这位编辑又发现这篇作品的风格却和大仲马的迥然不同，于是这位编辑带着兴奋和疑问，迫不及待地乘车造访大仲马家。

　　令这位编辑大吃一惊的是，《茶花女》这部伟大的作品，作者竟是名不见经传的小仲马。"您为何不在稿子上署上您的真实姓名呢？"

这位编辑疑惑地问小仲马。小仲马说："我只想拥有真实的高度。"这位编辑对小仲马的做法赞叹不已。《茶花女》出版后，法国文坛的评论家一致认为，这部作品的价值远远超过了大仲马的代表作《基度山恩仇记》。小仲马靠自己的力量登上了文坛高峰。

美国物理学家富兰克林，是家中12个男孩中最小的。由于家境贫寒，他12岁就到哥哥开的小印刷厂去做学徒。他把排字当作学习写作的好机会，从不叫苦。不久，富兰克林认识了几个在书店当学徒的小伙伴，经常通过他们借书看，随着阅读数量的提高，他逐渐能学着写一些小文章了。

在富兰克林15岁时，他哥哥筹办了一份叫《新英格兰新闻》的报纸，报上常登载一些文学小品，很受读者欢迎。富兰克林也想试一试文笔，但又不想通过哥哥使自己的文章见刊。为此，富兰克林化名写了一篇小品，趁没人时把稿子悄悄放在印刷所的门口。第二天一早，他哥哥看到那篇稿件，便请来一些经常写作的朋友审阅评论。那些人一致称赞是篇好文章。有一位诗人竟断言，此文一定是出自名家手笔。

从此，富兰克林的文章经常在报上发表，但他的哥哥一直不知道真正的作者是谁。后来，他哥哥决心要识破这个谜，便在半夜时分藏在印刷所门口。他哥哥做梦也没有想到，这位名家竟是自己的弟弟小富兰克林。

小仲马和富兰克林本都有可以倚靠的力量，但他们却毫不犹豫地放弃了。比起那些有靠便靠，没有倚靠便拼命寻找的人，是多么鲜明的对照呀。他们是一代伟人，他们之所以能成为一代伟人，除了他们的天赋以外，还与他们独立的人格有关，因为没有依赖思想，生命的能量就完完全全地迸发出来了。任何事物的发展规律都是一样的，外因是变化的条件，内因才是变化的根本。从这个意义上说，人人都是自己命运的设计师，改变自己命运的不是靠借助他人的权力和财富等，而是自己的内心力量——智慧、热情、学识等。依靠自己的力量，不是说完全不借助前进中可以借助的力量，而是强调千靠万靠，不如靠自己。

（蒋光宇）

做自己的知己

知己，不是一般的朋友，而是最亲密、最了解、最赏识自己、最值得珍惜的朋友。但人生难得一知己，千古知音最难觅。

古往今来，人们都把得到知己作为一种幸事。管仲说："生我的是父母，了解我的人可是鲍叔牙呀！"鲁迅曾书赠瞿秋白一幅立轴："人生得一知己足矣，斯世当以同怀视之。"冰心在给巴金的信中写道："人生得一知己足矣！"

古往今来，人们都把得不到知己作为一种憾事。于是不少人感叹："相识满天下，知音能几人？"

作家三毛，对知己有独到的见解。她说，知音，能有一个已经很好了，不必太多。如果实在一个也没有，那么还有自己。好好对待自己，自己，也是一个朋友。她的话可以用几个字来概括，即做自己的知己。

人们常常注重在外界寻找知己，却常常忽略甚至完全忘记应该做自己的知己。其实，能不能找到知己，并不全由自己说了算；能不能做自己的知己，则全由自己说了算。比较而言，人生十分要紧的事情，不是立足于他助，而是立足于自助；不是找自己的知己，而是做自己的知己。

做自己的知己，在这方面，有许多行之有效的具体做法值得借鉴。

比如曾子的"吾日三省我身"，就是做自己知己的具体方法之一。他说："我每天必定用三件事反省自己，即替人谋事有没有不尽心尽力的地方？与朋友交往是不是有不诚信之处？师长传授的学问有没有复习？"

比如美国发明家富兰克林的"每日十三条生活准则"，就是做自己知己的具体办法之一。其具体内容是：1. 节制——食不过饱，饮不过量。2. 寡言——除对别人或自己有益的话之外，不多说话，避免对人说空话。3. 秩序——用过的东西归还原处，做事情井然有序。4. 果断——该做的事，坚决执行；决定履行的，务必完成。5. 节约——不乱花钱，切戒浪费。6. 勤奋——不浪费时间，经常从事有意义的事情。7. 诚实——不欺诈，心地坦白，言行一致。8. 公正——不侵害别人，不因自己的失职而使人遭受损失。9. 中庸——避免极端，贵人从宽。10. 整洁——身体、衣服以及居住的地方，保持整洁。11. 沉着——遇事不慌乱。12. 贞洁——端正言行，不损害自己的或别人的声誉。13. 谦虚——学习先哲的谦逊精神。他每天临睡前，总要对照"每日的十三条生活准则"逐条检查自己的思想与言行。

再比如陶行知的"每日四问",也是做自己知己的具体方法之一。其具体内容是:第一问:我的身体有没有进步?第二问:我的学问有没有进步?第三问:我的工作有没有进步?第四问:我的道德有没有进步?

做自己的知己,不是自私、自恋、自闭,不是拒绝他人为朋友、为知己,而是由衷地接纳自己、爱惜自己、欣赏自己、提升自己、超越自己、立足于自己、做最好的自己。只有先做好自己的知己,才能做好他人的知己,也才能有更多的机会得到真正的知己。退一步说,即使没有得到知己,也不会孤独,不会空虚。反之,如果不做好自己的知己,即使朋友遍天下,那也只是表面的热闹而已。

(蒋光宇)

把人做好最重要

大家好：

　　刚才坐在下边，心一直在"突突"。我身边这两位学者这些年来一直在帮助我、支持我。当着他们的面谈文化，我觉得这是"犯罪"，我始终觉得我不能谈"文化"这两个字。

　　我和解放日报接触的时间并不长，解放日报是党报，所以感谢党对我的重视。解放日报周末部的老高找了我几次，说就是让我来跟大家一起聊聊，后来我就说给余(秋雨)老师打个电话邀请他一块来聊聊。余老师不好伤我，就答应了。

　　余老师在上海露面的时候很少，今天我从心里感谢他能陪本山在这里坐坐。跟他坐在一起，又让我升值多少，我心里清楚。今天来演讲，我是闯祸了，闯了一个大祸，负担很重，比我接足球队负担还重。底下坐着那么多戴眼镜的，听咱一个农民讲话，我心里很忐忑。

　　几年前，召开过一次研讨会，我第一次接触余秋雨老师，会上请了很多专家为我这个农民打分、把脉。记得那是20世纪90年代初期，那时候我话说不出来，还不像今天这样。那次研讨会以后，特别是接触到余秋雨老师这样的文化人，我感觉到读书很重要。过去我不习惯看书，看一本书，一半丢了，一半忘了，那时候才觉得自己说话费劲了，有些人说的话我得拿回去"现翻"。这促使我回去后还真找了本字典，把斯坦尼(斯坦尼斯拉夫斯基，苏联戏剧家)的书看了俩月，我才明白一点点，自己该怎么说话。

说实话，我今天挺紧张的，就连上春节晚会都没有这么紧张过。面对你们，我可能有一点底气不足。说起文化，我没有资格说话，这应该是余老师和曹老师的事。

就讲一下这么多年我心里的感受吧。辽宁省开原市莲花六队，那个农村就是我的家乡。我每一次都在风口浪尖上来回，心里没有底。但我赶上了改革开放的好时候，赶上了好形势，我就这样从农村风尘仆仆地走过来。我的人生没什么计划，也没什么秘诀，只是我从没忘了自己曾经是一个穷人，是一个农民，我要尽我最大的努力，去感动那些过去感动过我的人。

当年我从农村出来时，第一个想法就是进城，那时就想，只要能进城，干什么都行。后来就当上演员了，或者说是个民间艺人，是从民间走来的这么一个民间演员。现在说我是艺术家，我心里挺没底的。刚进城时，想的就是挣点钱，好让自己吃饱，再后来想买套房子，再后来又想买车，再后来还想买更好的车。但当这些物质上的东西都得到满足的时候，我反倒觉得这些都不重要了，受到尊重才是最重要的。受到别人的尊重、受到社会的尊重、受到历史的尊重，对一个人是最重要的。所以我又和辽宁大学合作，开办了本山艺术学院。我想把这些年来观众给我的钱都还给他们，包括足球。

其实啊，足球是我最不想谈的一件事情，也是最闹心的事情，但必须还得有人去做。我们优秀的球员都在国外踢球。为什么？因为我们缺钱，但更重要的还是缺精神，所以在这种情况下，我就进入了足球界。

我加入辽足的时候，还不知道这个事也有点闯祸的意思。咋每一件事放到我身上都那么大呢？报纸新闻天天不断，让我天天害怕。不瞒你们说，我已经连续四天没睡好觉了。昨天晚上跟体育局局长汇报这个事，谈到今天早上四点，然后我就直接上飞机来上海了。我现在还晕乎乎的，就像是在坐船。你们说，这大上海，还有我身边的两位大学者，黄浦江的水有多深？所以我只能介绍自己。

谈谈我的文化身份，我的粗浅理解就是我是个什么身份。这些年来正因为我没有忘掉我自己的身份，所以才能把自己看得这么不值钱，看得无所谓。我有个诀窍，你把别人看大了，你自己才能做大；你把别人看小了，你自己也就小了。

有时候心理不平衡了，就跟过去的要饭的比。不行的时候才要重视自己，因为那时没人重视你。我一直是农民性格，始终柔软当中带着强硬，又那么狡猾，又那么直劲，就像我在"忽悠"三部曲里，把人蒙成那样，还那么受人欢迎。

在我们五千年的历史当中，虚假占据了文化的不少成分，所以我一讲实话别人就笑。轮到你有话语权的时候，也不能到处都说实话。当余老师宣布不写的时候，我在家痛苦了很长时间。（对着余秋雨）我觉得你跟自己过意不去，你不写了会伤了很多喜欢你的人。你应该坚强一点，都这么大的学者了，还怕那几个讲闲话的？你又不是为他们活的，你是活给精神领域的。社会很复杂，千万别被那些传闲话的、恶意中伤你的人给击倒了。只有写不出书的人才会写骂人话，他们希望通过这来出名。你得看开了，慢慢地，大家也会知道咱们是个什么样的人。时间长着呢，路也长着呢，只有我们自己才能证明自己，千万不要持怀疑一切的态度。这些话，都是我作为朋友说给你的。说这些，也是因为我喜欢你，这个真是没办法。我喜欢你，是因为你对我那么真诚，第一次见面开研讨会的时候，你把自己懂的东西卸开，用白话跟我讲，让我感动成那样。

坚强地往前走，自己相信自己。我们是13亿人民当中的一员，我们一定要爱护自己的国家，要尊重我们的民族，要听党的话，这是我们必须要做到的。邓小平同志领导我们的时候，老人家有一个细节，让我感觉到这就是中国人，这就是他的骨气。有一次，撒切尔夫人来，两个人坐在一起，邓小平不卑不亢地把烟掏出来，"再不行我就动手了"——这是在暗示。他并不是真的要抽烟，而是告诉对方，到这儿了，你就得尊重我的规矩。这个细节对我们来说太重要了，我们应该从内心强大起来。

规则
改变环境也改变人心

　　我还要真诚地感谢上海人对我的接受。我记得第一次来上海,就是来领奖的,那也是我第一次坐飞机,第一次看到那么高的楼。后来浦东开发了,我就觉得这是一个多么大的城市啊,可比我们铁岭大多了。不过,话说回来,我还是对铁岭最有感情。人无论走到哪儿,家乡对一个人来说都很重要。想做好事情,首先就要把人做好,这是最重要的。我们得热爱自己的家乡,热爱自己的土地,尊重朋友,尊重喜欢我们的观众。

　　谢谢!

　　(赵本山在解放日报首届"文化讲坛"上的演讲)

(赵本山)

相信自己是赢家

你有没有发现，你如果期待坏事来临，事情就真的会变坏。我好像记得，每当我期待坏事来临时，我是永远不会失望的。我如果有足够时间等待的话，最后事情一定会变得像我想象中一样的糟。但我也同样发现同一原则反过来也是灵验的：每当我期待好运来临时，它们时常会来临的！我只要有足够的时间等候，也有足够的信心，不消多久，事情就会变得像我所希望的一样。

那么，怎样成为信念赢家呢？请你试试看，下面这五条规则可以提高你的"信念商数"。

一、肯定自己的能力

心理学上有一个名词叫"无用意识"，指一个人在某方面失败的次数太多，便自暴自弃地认为自己是个无用的人，从而停止了任何尝试。其实对于初涉人世的青年人来说，失败不仅不可避免，而且可能是家常便饭。这时候，最需要你肯定自己的能力，杜绝无用意识的腐蚀。肖峰是一名北京大学哲学系的毕业生。为了自己的理想，他没有回故乡去，而是滞留在北京，准备找份儿工作。历尽千辛万苦，他终于进入一家大型企业集团的宣传部。就在他对自己工作刚刚熟悉的时候，他所在的企业集团大减员，他在第一批被通知下岗之列。此时，离他报到上班只有39天。刚刚就业就下岗，使他感到现实太残酷了，和书本之间的跨度太大了。面对不得不接受的现实，他愤懑，但更多的是忧心忡忡、萎靡不振。

为什么要忧心忡忡呢？为什么要萎靡不振呢？身为著名高等学府的毕业生，你没有发现许多新的机会在向你招手吗？你可以一个个地去发现它们，再一个个地去尝试，直到发现最适合自己的那一个。既然一个要成就大业的人早晚都要经历磨难这一关，为什么不让它早些到来，从而赢得最可宝贵的时间呢？当你乐观地接受现实时，你就会发现，之所以失败，那是因为自己没有行动，没有找到自己的行动环境，没有选定自己的行动对象，一句话，没有发掘和表现自己聪明才智的实际作为。如果你肯定自己的能力，确立了自信，有了积极向上的信念，那你就会积极进取，充分发掘自己潜在的聪明才智，那么伟大对你来说也不过是机会而已，一旦有了机会，你也会成为伟人。

二、向确定的目标奋进

如果你立志要成功的话，就必须确定自己的视野，必须明确自己正在为什么目标而奋斗。然后，你就要向确定的目标奋进。有些青年人刚踏上社会便壮志凌云地制订了"五年计划""十年规划"。这本是件好事，但有不少人一旦被成功路上的拦路虎拦住，马上就气馁起来，撒手不干了。须知，成功是无数失败的积累，没有失败的成功只能算是侥幸。如果你一帆风顺，处处得意，并不证明你有能力，反而显示出你胸无大志，人生目标定得太低，只求得过且过。对胸无大志的青年来说，应该培养这种信念：即使是跌倒，也要朝向目标，而且不管你跌得多痛，也要挣扎起来，继续向目标奋进。

小唐弹钢琴并不怎么高明，唱歌又五音不全，实在让人不敢恭维。但小唐自认为是当音乐家的料。为实现当歌唱家兼作曲家的理想，他毅然辞掉了薪金丰厚的工作，去了一座被称为"乡村音乐之都"的城市。到那儿后，他用积蓄买了一辆小车，既做交通工具又用来睡觉。他特意找到一份儿上夜班的工作，以便白天有时间光顾唱片公司。从那时起，他一直坚持写歌练唱，叩击成功之门。由于他专心致志、全力以赴，终于创作并演唱了几十首顶呱呱的歌曲，实现了青少年时期的梦想。

小唐的成功昭示我们：成功者与失败者最大的区别，通常并非智力，而是毅力——向确定目标奋进的毅力。许多天资聪颖者就因为放弃了，以致功亏一篑。然而，成就辉煌的人决不会轻言放弃的。有人说得好，成功者不过是爬起来比倒下去多一次而已。所以，别埋怨不平的路途害你跌倒或者怀疑有人陷害，也别因为一点皮肉之伤而叫痛，更别因为跌倒一次就畏缩不前，每一次跌倒都要从中得到一些启发，学习从失败中制胜的道理。

三、天天替自己加油打气

初涉人世，面对知之不多的大千世界，青年人小心谨慎是必要的。但凡事都有个"度"，如果过于谨慎，就会使人成了一具从其人品中抽走了魅力和独特性的躯壳。尤其是搞对外工作的年轻人，过分的谨慎就会造成怕生、自我意识过强、唯唯诺诺。这样，你的命运就会危机四伏、四面楚歌。当你发现自己已有了怯懦习惯，那就快点儿想法克服吧。据一些相当成功的人士告诉我，天天替自己加油打气实在是克服怯懦的好办法。

俗话说，催款难，难于上青天。可经理偏偏让刚参加工作不久的阿刚去催回外面的多笔欠款。当时，他脑子里马上出现了一幅幅催款的穷酸相。他这个平时怯懦的人，即将扮演这个难而又难的角色，心里的确不愿意，可是身不由己，只得硬着头皮去干。每当他出去催款前，就在自己巴掌大的小屋里跳来跳去，一次又一次地大声喊道："我成功了！"直到自己的热血沸腾起来，然后就信心十足地上路了。半年下来，他终于将多笔欠款催到单位的账户上了。经理对这个初出茅庐的年轻人也不得不刮目相看，打算提拔他当自己的助理。

天天替自己加油打气，头脑中就会树立起成功的形象。这种积极的信念反复地在脑海中呈现，就会成为潜意识的一个组成部分，使你的心智、神经、肌肉在事先得到一次协调配合的"演练",像电子计算机输入一个完成某个任务的软件程序,最后能保证你获得成功。切记,你可以控制自己的一思一念,脑海中的一切都归你指挥,所以你不但是主角,同时也是导演呢!如果你选择的是成功角色,那么,在现实生活中,你就会勇气倍增,也必然所向披靡!

四、常说自己能行

青年人走上社会,意味着自己独立人生的开始。对此,父辈们都会把它当作大事情,有些家庭甚至会举行专门的恳谈会,父辈们用亲身经历教育子女。此时,你千万得认真听,因为这对你确实很宝贵。但是,父辈们的经验和期待有时会束缚我们:本来不想做的事,但拗不过父辈的再三要求,结果勉强答应做了,但心里却是一百个不愿意!这就要求我们要以超然的态度面对父辈的期待,不能让它成为实现自己目标的沉重的精神包袱。我们决定做自己的主人,这是解放精神迈向成功的一个重要步骤。

王莉是个文静内向的女孩子,在安徽农师并不引人注目,但她毕业时,却成为人们关注的新闻人物。原因很简单:她平静地放弃了毕业分配时几个合资企业的大红聘书,回到了农村老家,当了个女猪倌。毕业、择业、就业,王莉的脚步迈得并不轻松。可贺的是,她顽强地抵住了世俗的偏见,终于投身于自己热爱的养猪事业中,并创造了一个奇迹——女大学生猪倌,半年赢利10万!

当然，在你面临抉择时，常常有许多必须考虑的地方，走自己的路任人去说，是你必须慎重考虑的一点，这很可能成为你明智的选择。渴望成功的年轻人，不要错把人家的期待作为自己的桎梏，能真正认识自己的只有你自己。凭你的知识，凭你的经验，凭你的直觉，去寻找你的位置，那么属于你的成功就在等待着你呢。

五、强迫自己热情地工作

青年人朝气蓬勃，精力旺盛，这是成功的一大优势。但也有的青年人没能好好地利用这个优势，干什么往往是"三分钟热血"。这样的随心所欲又怎能利于成材呢？干事业同行军一样，要是等好天气才上路，是走不了多远的。鞭策自己，激励自己，强迫自己热情地工作，相信任何人都会达到目标，都会成功。

目前，刘某已是文坛上小有名气的小说家了。他的小说是自己逼着自己写出来的。那种情形是少见的。他有次生病，身体弱，不想写作，他就对妻子说："我要求你每天早晨6点一定叫我，考查我的勤奋。"

一些有名的人物也是这样做的。老舍先生就规定自己每天必须写1000字。

为什么你不在每天早晨对自己说："我爱我的工作，我将要把我的能力完全发挥出来。"激发出自己的工作热情，你就会感到乐在其中了！

总之，对于追求成功的青年人来说，积极向上的信念是绝对必要的，因为所谓的能力就是一种信念。我们能做多少，这和我们自己感觉能做多少这一信念有关。倘若你出自内心地相信自己能做更多的事，那么你的心灵就会进行创造性地思考，并向你展示它的方法。这对成功来说，是最有力的。

（杨玉峰）

要无条件地喜欢自己

上大学的时候，同室一女友在其镜子后面写着一句话："要无条件地喜欢自己"，看后令人精神为之一振。

细想想，此话不无道理，它包含着深深的人生哲理。

我们都知道，每个人的相貌、体型都是父母给的，有的天生丽质，相貌堂堂；有的生来相貌平平，甚至有些"对不起观众"。这些我们都没法改变。于是就有人哀叹：上帝真是太不公平啊！于是就有人郁郁寡欢，破罐子破摔，自暴自弃，碌碌无为。

其实，我们应该为自己高兴，因为我们的个子最适合自己，我们的相貌为自己所独有，我们的身体状况即使不佳，即使有残，那也无碍我们内心的自尊与自爱。丑不是错，外表是天然赋予的。既然现实已无法改变，既然我们已来到这个世界上，我们就要无条件地喜欢自己；既然我们无力改变那生成的骨头长成的肉，我们就要正视自己，承认自己的缺陷。我们可以在其他方面充实、提高自己，以其他方面的优势来掩盖相貌上的劣势。

我那位大学时的室友，她本人也是一个其貌不扬的"丑小鸭"，黑黑的胖脸蛋，长得虎背熊腰的，显不出一点女人的窈窕，更没有女人的俊美。但她从不因此而看低了自己，因为她有她的优势：开朗、活泼、聪明、刻苦、幽默……学习上不让须眉，一等奖学金非她莫属，大学毕业时以优秀的成绩考上了南京大学历史系研究生，让男孩子们刮目相看。更让大伙儿佩服的是她对人生之态度。她明知自己是个"丑女孩"，但她却时不时地喜欢拿自己的缺点幽他一默，让人忍俊不禁。且看一例：

一天晚饭后，该室友看《参考消息》，一则消息说美国政府歧视黑人，用黑人婴儿做麻疹疫苗实验，正愤愤然，抨击美国政府的种族歧视，另一同学拿一毛巾进门，说过几天的晚会游戏节目就用此毛巾蒙住眼睛，问行不行，边说边用毛巾捂住室友的眼睛，看合不合适。室友顿时夸张地大叫："刚才还说美国政府歧视黑人，现在马上就拿黑人做实验了！"引起众人捧腹大笑。

由此我想，人长得不漂亮并不要紧，关键是要正视自己。像我那室友能拿自己的缺点来开玩笑，这是何等潇洒的人生！这样一来，别人倒不觉得那个缺点有什么丑陋，反倒觉得这个人挺俏皮、挺幽默、挺可亲可敬呢！

所以，一个人的魅力并不在有漂亮、潇洒的外表，而在要有内在的气质、内在的潇洒，因为外貌的美是不长久的。歌德说得好："严格说来，美人只是在一刹那间才是美的，当这一刹那间过去以后，她就不再算得上美人了。"是的，再美貌的女子，也无法牵住逝去的岁月，使红颜不老。而内在的魅力，却将随着岁月的增加、心灵的日益净化，而愈加显示出它的光华，受到人们的敬仰。这使我想起了托尔斯泰的一句话："人并不是因为美丽而可爱，而是因为可爱而美丽。"

无论如何，我们都要无条件地喜欢自己，不断地充实、丰富、提高自己。

（罗艳琴）